工廠叢書 97

商品管理流程控制（增訂四版）

鄧崇文/編著

憲業企管顧問有限公司　發行

《商品管理流程控制》增訂四版
序　言

　　《商品管理流程控制》在 2016 年 1 月推出內容革新的第四版本，本書編寫原則與態度，為企業實現流程化、精細化、標準包、規範化的管理流程設計工作提供了參照範本。

　　本書是針對商品的一系列運作方式，明確如何進行流程設計，掌握流程體系建設的方法，為企業設計流程、**構建完善的流程體系**提供了操作思路，獲取流程績效提升的辦法，為企業流程管理工作提供了指導方針。

　　企業可結合自身的實際運營情況和所處的發展階段，針對存在的問題、薄弱環節、管理盲點、工作難點等進行流程梳理與優化設計，切實解決管理中的實際問題，自行設計一套較完整的操作性強的流程體系，實現企業的持續發展。

　　憲業企管顧問公司服務東南亞企業界二十多年，深知成功的企業都有一個共同特徵是：企業內的各項管理流程，紮實可靠、績效好，本書是針對商品管理而撰寫，重點在於「如何針對商品管理的

流程，而加以控制」，故一一介紹商品流程的最佳控制點與實際執行步驟，舉凡進貨、驗收、整理、貯存、搬運、管理、配送、補貨、調貨、撥出與撥入、退貨、盤點、物品需求計劃、採購、用量準則、供應商、商品考核等等。

《商品管理流程控制》一書上市以來， 感謝眾多讀者踴躍購買，更感謝企業採用為內部培訓用書，為創造員工管理共識。

此次是 2016 年 1 月增訂四版，細心的讀者應會感覺出 2016 年版本，內容更多、頁數更多、案例更實務，增加更多的企業經營顧問師、工廠管理顧問師、連鎖業顧問師的顧問輔導心得，集結成書，是針對商品的整個系統流程而加以管理控制的專書，希望對貴公司的經營管理有所幫助。

2016 年 1 月　全新內容增訂四版

《商品管理流程控制》增訂四版
前　言

為什麼要管理流程標準化

　　只有流程標準化的作法，對管理流程加以控制才有可能得到快速的複製和推廣，戴爾、沃爾瑪、麥當勞等跨國企業的成功，都得益於此，高度統一的標準化管理加上其先進的資訊技術的應用，為其標準化提供了強有力的支援，大大加快了其擴張速度，降低了運營成本，佔據了市場的主導地位。

一、管理流程標準化是企業做大做強的關鍵

　　標準化經營管理就是在企業管理中，針對經營管理中的每一個環節、每一個部門、每一個崗位，以人本為核心，制定細而又細的科學化、量化的標準，按標準進行管理。更重要的是標準化經營與管理能使企業在連鎖和兼併中，成功地進行「複製」，使企業的經營管理模式在擴張中不走樣、不變味，使企業以最少的投入獲得最大的經濟效益。

　　隨著企業規模的不斷發展，僅憑手工方式和人腦不可能做到，而且標準化的目的之一就是最大限度地排除人為因素和不確定因素的干擾，這些都必須通過資訊技術手段的應用來實現。在一定程度上，標準化管理實際上就是一種基於資訊技術的規範化的現代化管理。

　　管理的標準化是為了便於進行自身發展過程中快速複製，而這

需要一個過程，它包含著企業發展戰略、流程、服務等貫穿企業全程管理的一項複雜的系統工程。

邁克爾‧哈默教授的著名論斷，「任何流程都比沒有流程強，好流程比壞流程強，但是，即便是好流程也需要改善。」

企業的管理流程以客戶需求以及資源投入為起點，以滿足客戶需要、為企業創造有價值的產品或服務為終點，它決定企業資源的運行效率和效果。管理流程是連接輸入、輸出一系列環節的活動要素，包括活動間的連接方式、承擔人及完成活動的方式。

一套完善的管理流程，可以使企業高效順暢地運轉，可以使企業各職能部門分工明確、職責清晰、監控有力、處置及時，可以充分激發全體人員的積極性和創造力，可以使企業統一協調、目標明確、鼓勵創新、團結高效，可以引導企業走向新的輝煌。

企業管理流程標準化是衡量一個企業管理水準的重要標誌，是保證企業各項作業順利進行的前提，也是企業做大做強的必由之路。

二、什麼是管理流程標準化

管理流程是為達到特定的價值目標而由不同的人分別共同完成的一系列活動。

1.流程管理要解決的問題

⑴管理授權陷入兩難；

⑵工作目標失控；

⑶工作銜接不協調，造成瓶頸或死角；

⑷工作主輔不分；

⑸企業內部工作目標模糊；

⑹工作秩序混亂。

2.流程管理的九個特徵

⑴強調企業經營活動的中心只是服務於客戶價值；

⑵強調管理者與被管理者的平等；

⑶內部職責分工不再僵化；

⑷強調企業是一個有機系統、是一個無邊界組織；

⑸強調打破塊塊、條條，按照團隊形式組織企業運行；

⑹企業內部所有活動的目標，明確指向客戶價值的滿足和企業價值的增殖；

⑺沒有人擁有絕對不變的權力，每個人所服從的僅僅是由客戶價值創造和企業價值的增殖目標主導的流程；

⑻影響改變人們意志行為的方式主要是社會群體獎勵，經濟福利獎勵主要落在團隊集體中。

⑼這裏不再有龐大的中間管理階層。

戰略大師邁克爾‧哈默指出沒有流程管理的企業運營有著驚人的低效率：在一般企業的正常工作中，有 85%的人沒有為企業發展創造價值。其中：5%的人看不出來是在工作；25%的人似乎正在等待什麼；30%的人只是在為庫存而工作，即為增加庫存而工作；最後還有 25%的人，是以低效率的方法和標準在工作。

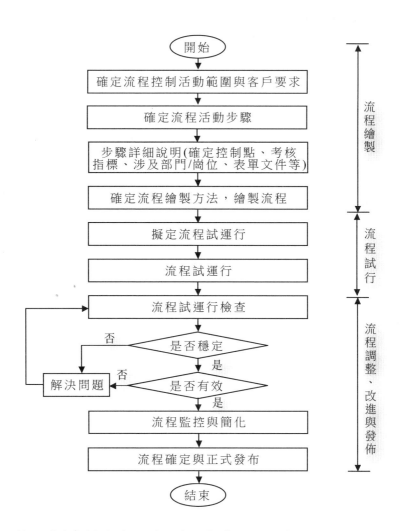

管理流程標準化主要體現在三個方面：規範化、文件化、相對固定。管理流程標準化是企業發展的必然趨勢，設計的目標有：

(1)簡化工作手續；

(2)減少管理層級；

(3)消除重疊機構和重覆業務；

(4)打破部門界限；

(5)跨部門業務合作；

(6)許多工作平行處理；

(7)縮短工作週期。

　　企業的管理流程標準化為企業建立了一種柔性的管理流程，使得整個企業像一條生產線一樣，迅速適應用戶的需求，使整個企業生產運營過程機動、靈活，能夠根據企業市場戰略的調整而迅速改變，能夠及時應對突發事件，能夠以最大效率最小成本完成企業各項活動。

三、管理流程標準化操作的兩個案例

　　世界聞名的麥當勞公司的標準化管理流程是它成功的關鍵。麥當勞為了保證食品的衛生，制定了規範的員工洗手方法：將手洗淨並用水將肥皂洗滌乾淨後，撮取一小劑麥當勞特製的清潔消毒劑，放在手心，雙手揉擦 20 秒鐘，然後再用清水沖淨。兩手徹底清洗後，再用烘乾機烘乾雙手，不能用毛巾擦乾。

　　麥當勞為了方便顧客外帶食品且避免在路上傾倒或溢出來，會事先把準備賣給乘客的漢堡包和炸薯條裝進塑膠盒或紙袋，將塑膠刀、叉、匙、餐巾紙、吸管等用紙袋包好，隨同食物一起交給乘客。而且在飲料杯蓋上，也預先劃好十字口，以便顧客插入吸管。

　　《麥當勞手冊》包含了麥當勞所有服務的每個過程和細節，例如「一定要轉動漢堡包，而不要翻動漢堡包」，或者「如果巨無霸做好後 10 分鐘內沒有人買，法國薯條做好 7 分鐘後沒人買就一定要扔掉。」「收款員一定要與顧客保持眼神的交流並保持微笑」等

等，甚至詳細規定了賣奶昔的時候應該怎樣拿杯子、開關機器、裝奶昔直到賣出的所有程序步驟。

　　早期的麥當勞非常希望自己的一線員工具備很強的算術能力，因為當時的資訊化結算程度很低，櫃台的銷售人員每天都需要面對大量的顧客，進行不同類型的產品組合，所以需要他們能夠快速準確地計算出顧客所購買產品的價格。而如今，麥當勞的員工不需要知道產品的價格，不需要具備算術能力，只要認識字，甚至只要認識圖片，就能夠很輕鬆地滿足顧客需要，並且服務效率大幅度提升。由於麥當勞嚴密的管理流程和詳盡的規章制度，使餐飲企業頭痛的「統一」問題輕鬆解決了。

　　另一個管理流程標準化成功的典型例子是戴爾公司。據調查，戴爾公司的銷售系統已經完全實現了標準化、流程化。戴爾面向中小企業與個人用戶的銷售以電話銷售為主，電話銷售員足不出戶，所以叫 Inside Sales（內部銷售）。

　　客戶從各種宣傳媒體得到 Dell 的產品配置、價格、促銷資訊後，打 800 電話到 Dell 諮詢。Dell 的內部系統 Call Center（呼叫中心）會根據一定的規則自動把電話分配到某一個電話銷售員座席。電話銷售員先輸入客戶的名字、所在地等資訊，這時候 IT 系統就發揮智慧作用了。如果在 Dell 的內部數據庫已經有了該用戶，電話銷售員就能立即在電腦螢幕上看到該用戶以前曾經買過什麼型號、數量多少、折扣多少、以前出過什麼問題、投訴什麼、如何解決等資訊。只要電話銷售員在螢幕上的下拉式功能表中選擇用戶需要的型號，就可以立即在電腦螢幕上看到該型號詳細配置、功能、定位、優點，電話銷售員只需要照著螢幕念就行了。對於該型號常見的問題，電腦數據庫也有標準的 Q&A（問與答），電話銷售員

也只需要照念就行。

電腦銷售管理系統自動生成該銷售員的業績：接聽電話數量、成交率、平均處理時間、銷售額等等。當然，電話銷售員的線上狀態、出去了幾次（包括上廁所）等資料系統也都會自動記錄。Dell電話銷售的主要業務是 Income Call（呼入電話）。

管理流程標準化，可以使企業從上到下有一個統一的標準，形成統一的思想和行動；可以提高產品質量和勞動效率，減少資源浪費；有利於提高服務質量，樹立企業形象。管理流程標準化是企業發展的趨勢和潮流。

四、麥當勞的薯條

不論所從事的是生產製造業、買賣業或服務業，如果你的產品不是顧客所要的，企業都知道最終是不會成功的。成功的企業體中，內部一定有著各種完善的系統，這些系統必須能相互連接在一起，去創造出一個流程，用這個流程，有效回應顧客的需求。

一個例子，就是麥當勞炸薯條，在麥當勞決定要推出炸薯條這項新產品時，麥當勞公司剛開始面臨第一個問題，就是如何去建立一套系統，而能確保每一次提供給顧客的炸薯條，都是高品質、高標準的。

麥當勞開始進行市場資訊搜集，在資訊搜集之初，碰上難題了，他們發現，居然在美國沒有馬鈴薯的國家標準，也就是說，美國農業部沒有一個評定馬鈴薯等級的系統，去指出哪些馬鈴薯是好的？哪些是壞的？而哪些又是最好的？市場也沒有人準確的知道，炸薯條時，到底油應該要多熱？或是如何能維持在炸的過程中，油鍋中的溫度一致，也沒有人知道，馬鈴薯要如何保存，才不

會壞掉。在麥當勞創造出他們炸薯條的一套系統後,麥當勞也同時幫美國農業部建立了馬鈴薯的國家品質標準。

現在麥當勞知道,什麼樣的土地才能生長出他們所要的馬鈴薯,甚至研發出自己炸薯條的相機器設備,以確保每一次炸出來的薯條都有一致的品質;不同員工也能做出相同流程、相同品質的炸薯條。對顧客而言,這才是真正的顧客服務。麥當勞他們專注在每一工作細節上,從馬鈴薯的生長、保存、加土,到炸的一系列流程過程;因為,他們要保證提供給顧客的炸薯條,每一次都是最好的。

五、工作標準化,流程標準化,可提昇企業競爭力

企業組織調整後,某部門轄屬之單位,佔該部門人數五分之四,全撥至另一部門,該部門主管抱怨:「我的人被撥走這麼多,是不是我這個部門不重要了?」

某廠長有時會表示:「我管全廠約 500 人,同職等的經理只管 20 人,我的地位當然比他重要多了(言下之意,待遇也該高人一等)。」為何許多單位主管努力增人,多多益善呢?

以前述該廠為例,並非廠長直接管 500 人,實際只管 3 名課長及 2 名廠務助理,再加一名秘書;然後 3 名課長則管 8 名組長,另各加一名助理;接著是 8 名組長中有 6 名管了 20 班長,平均每名班長管約 22 名班員。

如此看來,班長管的人最多,是否地位最重要呢?其實不然,因為班長他們管的事情單純,大部分斯可標準化,所以班長職等比管人少的組長、課長低。

同樣的,該公司與廠長同職等的採購部經理,雖然只管 4 個人,但身負全公司全年十幾億的原物料採購把關,而且還須掌握近

500 家供應廠商動態;人雖少,地位並不比廠長低。

以該廠為例,能否取消班長層級,然後將組長增至 22 人,以加速決策呢?更進一步,能否再取消組長層級,將課長增至 22 人,直接管理第一線人員呢?

事實上,只要<標準化>工作落實貫徹,一人管 25 人並不困難,而且還可將大部分(約 80%)管理工作交給第一線人員自理,雖然管的人增多,反而更輕鬆。

例如,原來一名主管只能管 6 個人,這 6 個人有 90%的事須向上請示,如此依序往上,要 7、8 個層級才勉強處理完。如今,若第一線能自理 80%,即使一名主管管 20 人,也僅須 3 層便消化了。

成敗最重要的關鍵在於<標準化>,你的工作能否標準化? 你是否有將工作流程標準化?

在競爭十倍速的時代,企業各項決策必須加速,減少層級,加大管理跨距;以標準化工作方式,再加上標準授權,將工作分擔至下一基層,既可加快處理速度,亦可循序漸進培養接班人才,一定可以大幅提升企業競爭力。

《商品管理流程控制》 增訂四版
目　錄

1 商品材料編號的管理制度

步驟一　分類方法

　　將本公司所使用的原料、物料，按其性質各歸其類並予以編號，以利於料帳的登載及材料的電腦處理作業。

　　按用途及材質混合分類法分為 14 類：

第一類質	鋼料類
第二類	鐵料類
第三類	鑽料類
第四類	其他金屬材料類
第五類	五金材料類
第六類	機器配件類
第七類	建材類
第八類	電器材料類
第九類	塑膠材料類
第十類	門窗配件類
第十一類	工具類
第十二類	化工材料類
第十三類	焊料類
第十四類	雜項材料類

步驟二　編號方法

1. 本公司材料編號採用數字法，每項材料以 4 段 9 位數字代表。

第一段 1～2 位數表示物料的類別（大分類）。

第二段 3～4 位數表示物料的名稱（中分類）。

第三段 5～8 位數表示物料的規格（小分類）。

第四段 1 位數表示電腦的檢查號碼。

2. 檢查號碼：

系按固定公式計算出一數值，以供查驗該項材料編號是否書寫錯誤。公式如下：

⑴將八位數字按 12121212 的次序個別相乘。

⑵將積算的個位數相加。

⑶將積算的十位數也加入個位數的和內。

⑷將所求得的和的個位數被 10 減，所得數即為檢查號碼。

步驟三　單位

本公司的材料不論對外訂購的單位如何，對內記錄一律採用以下標準：

1. 計數：如支、張、個、條、罐一律定為「EA」。複數單位如雙、套、付、組等一律定為「ST」。

2. 計量：長度以「M」（公尺）或「FT」（英尺）或「Y」（碼）計算；重量以「KG」（公斤）計算；容量以「LK」或「L」計算。同一材料項目所使用的單位均訂於本公司材料編號簿內，不得任意使用。

2 商品控制管理流程

商品控制管理流程主要體現在四個方面：商品的分類分級、確定訂購的量與點、跟蹤管理以及定期盤點。

步驟一　做好商品分類分級工作

按照 ABC 分類原則，根據企業倉庫所儲存物品的實際情況，確定 A 類、B 類、C 類物品範圍，對商品類別進行庫存量統計。並按庫存量或根據物品單價或實際庫存金額進行排序和分類，根據 ABC 分類的管理原則進行對商品的分區規劃佈置、物品採購、人力資源配置、工具設備的選用等規劃工作。

步驟二　確定訂購批量和訂購時點

因為採購時間和採購數量會影響企業經營資金的調度和庫存成本，所以對於各類物品的採購都要根據企業的庫存安排來考慮物品的經濟採購批量和訂購時點。主要依據商品的採購單價、達到經濟規模數量、商品現有庫存量、採購提前期、採購成本；單位庫存成本等數據來綜合計算商品的訂購經濟批量和訂購時點的安排，以實現及時採購和入庫，充分利用庫存空間，降低庫存成本，提高倉儲物流的有效程度與效率。

步驟三 對物品貨位進行跟蹤管理

對各類物品的儲存庫位、儲存區域和分佈狀況分別進行日、週、月的跟蹤管理，確保每項物品的貨位和區域的分佈能夠隨時間、數量情況的變化而作出相應的改動，避免物品在倉庫的存貨積壓現象，確保貨位的安排能合理利用倉庫空間，貨位與區域的安排能與物品一一對應。

步驟四 做好定期盤點和循環盤點

確定倉庫的定期盤點期限，以月、季、半年、年為盤點時段對庫存物品進行盤點，確保倉庫的物品能「物暢其流、物盡其用」，並及時對積壓、滯銷物品進行處理；在普通工作日對某些重點管理的 A 類物品進行盤點，及時瞭解該類物品的庫存數和貨位數據，對盤盈和盤虧物品及時處理，以批量方式修正庫存量和庫存安排，確保對倉庫庫存物品的數量管理控制嚴格按規定執行。

心得欄

3 商品倉庫佈局規劃流程

　　隨著企業規模的不斷發展，標準化管理流程執行勢在必行，而商品倉庫就是管理的重中之重。

步驟一　佈置計劃

　　進行對倉庫規劃中物品分區存放的佈置。企業要根據銷售統計與預測數據以及生產計劃所需求的原料數據，分析物品所需數量及流動狀況，然後根據商品明細數據來計算儲存、揀貨、包裝流通加工作業各自需要的空間，對倉庫分區佈局進行模擬排列，比較各種可能的佈置方案，從中選擇最佳倉庫空間利用規劃方案。

步驟二　揀貨區規劃

　　對揀貨區的物品分類揀選作業進行分類作業規劃。因為倉庫揀貨是實現對儲存物品 ABC 分類管理與單品管理的關鍵環節，所以對於倉庫揀貨區規劃，企業除考慮空間劃分外，還需根據批次揀貨內容、數量及物品分類。若物品揀選為人工作業，則揀貨規劃應將一條揀取線劃分為多個區域，在各個區域內平均分配物品品種數量及揀取數，以保證分類揀取工作的有序進行；若為自動揀取設備，則從自動揀貨機的擺放位置及機器間的銜接方面考慮作業流程的暢通，來進行對揀選作業分區規劃。

步驟三　包裝區規劃

　　進行對倉庫包裝、流通加工區的區域規劃。因為倉庫的包裝、流通加工作業通常需要使用到一定的包裝、流通加工機器，所以就主要從各項包裝、流通加工工作流程與機器設備擺放位置的對應，從保證暢通的工作流程角度來進行倉庫包裝流通區域的管理規劃。

步驟四　倉儲區規劃

　　企業的倉儲區規劃要將倉庫空間按物品的流運速率、物品的存取單位來劃分，主要原則是：物品的分類儲存擺放時將存取效率相差較大者放置同一線上，以保證對某種物品流暢的揀取運作；另外，應考慮是要將同一儲存單位的物品擺放在同一區，以方便揀貨的單位化，還是要對物品因數量變化而進行的移庫整頓和庫存高速作業進行區域規劃。

4 商品放進倉庫的位置要編號

　　在現實的倉儲管理中，常常聽說有發錯貨的情況發生。這其中難免有倉庫管理人員粗心大意的主觀成分，而最主要的、客觀的因素應該是倉庫貨位與標識不清，貨物堆放無規則。打個比方，如果指定一個倉管員去某個貨位取貨，如果說倉管員走錯了貨位，拿錯了東西，這完全是人為因素造成的。而如果他既沒有找錯貨位，也

沒有看錯標識,卻拿錯了東西,這就是管理的問題了。

同理,如果你告訴一個倉管員,讓他去他所管理的庫房找某種物品,而不告訴他該物品堆放的位置,那麼這就應該看這位倉庫管理人員的管理業務水準了。如果他責任心強,即使不識貨也應知道這個東西放在某個貨位,因為他在此入庫時就會做好記錄,給這個物品做以特殊標記;如果技術水準高,管理上他也更是會井井有條,完全可以做到百裏挑一,即便是同類物品不同規格,也不會拿錯,但當庫存貨品的數量和品類日益增加,倉管員流動頻繁時,有能做到如此百裏挑一者,又談何容易;由此,不難看出貨位與貨位標示在倉庫管理中規範使用的重要性。

因庫房中物料項目繁多,若未事先對倉位有系統的編號,以便明示各項物料儲存位置,則一旦耗用部門前來請領,倉儲人員就其記憶所及,前往找覓,費了大半天功夫,卻找不出所需的物料。為避免此弊病,多數倉庫均就物料的性質,分定其儲存區域。

在編號之前,應先在儲存場地地面上,劃定標準儲存單位,標準儲存單位最好為方形,至其面積大小,可依儲存物料的性質與尺寸而定。每一儲存區域與標準儲存單位,應有清楚的標誌,且需明顯易見。倉位編號的步驟如下:

⑴繪製所有儲存場地之平面圖。

⑵依上述之平面圖與倉位編號原則將所有儲存場地編號。

⑶將編號繪於地面上或標示牌上。

⑷將物料架、物料櫃或其他儲放設備,加以編號,並在物料架、物料櫃上面以卡片標示並且噴漆於其上。

⑸編制儲存場地之編號手冊。

依據 H 公司倉庫之佈置情況,繪成平面圖,並予以編號,詳情

說明如下：

倉庫編號實例圖

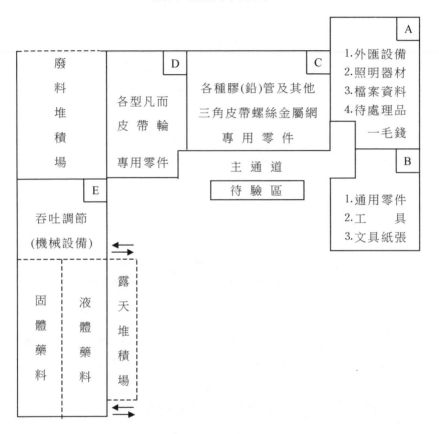

方法：採四級分段制流程：

1. 將物料庫分成五區，即 A. B. C. D. E 五區。

2. 每一區內將料架予以分段即為 1、2、3……等段。

3. 將料架由下而上予以分層，每層亦以 a b c……等標示。

4. 每層按其左右次序橫列分隔，每隔以 1、2、3 等數字標示。

5.將上面四項流程綜合，即可得詳細的倉位儲架編號。舉例說明：

$$A—3—a—4$$
區　段　層　隔

此 A—3—a—4 即表示該項物料位於倉庫內 A 區，第三排，物料架第一層，第四隔內，如此欲尋該項物料，可根據此項倉位儲架編號立即在料架上尋得。

倉位經編號完成後，必須將號碼標識於儲架上，而以使用卡片方式較佳，卡片內記載倉位號碼及該項物料編號。

5 倉庫作業實施流程

標準、有規劃地對倉庫商品進行合理儲備、控制，才能確保企業其他部門高效、快速地運轉。

步驟一　儲備與揀選倉庫物品

在倉庫管理中，最初的工作便是對倉庫物品的儲備工作。在採購部門下達採購訂單後，倉儲部門主要工作是根據採購訂單對所收到物品進行檢驗入庫，進行入庫流程後要將物品進行分類，對其按品種、規格、型號的不同配置不同的倉儲庫位。

在倉庫中常使用的訂貨揀選方法有個人揀選和地區揀選。在個人揀選系統下，通常由一個揀選人員完成全部的訂貨處理，但這種

系統並不被廣泛使用，往往是在有大量小型 IT 貨需要揀選後重新包裝或需要夜間在車上進行整合時，才採用這種系統。使用比較廣泛的是地區揀選系統。在該系統下，每一位揀選人員都被分配負責一定比例的倉庫作業，因此有可能會有許多揀選人員處理相同的部份訂貨。由於每一位揀選人員都充分瞭解各自的選擇，其優點在於不會在定位產品項目時浪費時間。

步驟二　存貨控制

　　倉儲物流中對存貨控制必須建立明確的流程，以便於對存貨記錄作適當的處理。目前，大多數廠商開始使用某些類型的自動化數據處理設備來協助處理。可以想像，如果缺乏適當的工作流程，倉庫在進行採購或補給的過程就會產生嚴重的問題。在正常情況下，如果倉庫利用率不足的話，買主與倉庫工作人員之間就不會進行協作活動。買主趨向於按能夠獲得最佳價格的數量進行購買，無須注意倉庫的空間利用問題，結果就會導致所有訂購的商品存貨過剩。同樣存在的一個嚴重問題是在一定的時間內規定每次存貨的數量，由此會要求買主應該按多重託盤訂貨。

步驟三　補貨

　　儲存商品的短缺是倉庫作業中的一個主要考慮因素。有許多短缺是在訂貨選擇和裝運作業中所犯的一般錯誤所致，或是因個別人偷竊、倉庫人員與卡車司機之間的內外勾結，而造成隨意地多提取訂貨，或以低價值產品換取高價值產品、未經許可從倉庫中搬走商品的現象發生。因此，除非附有電腦輸出的單證，否則，倉庫不應該發生任何短缺。如果是銷售人員有權使用的儲存樣品，那麼這些

商品就應該與其他存貨分隔開來。企業必須聯繫採購部門，進行對商品庫存數據的有關資訊交換與傳遞，實現適時的補貨操作。

為此，企業應該通過員工輪換、總箱數清點以及對全部產品項目進行突擊檢查，來減少這類偷竊活動的發生。

步驟四　物品養護

在倉庫內，有一系列因素會導致某種產品或材料不可使用或無法銷售。物品變壞最明顯的形式，就是在運輸或儲存中因疏忽導致的損壞；另一個主要形式，就是儲存在同一設施內的產品不相容性所致。這方面的主要問題是由於不恰當的倉庫工作流程所引起的物品變化。例如，當一個裝滿物品的託盤碼放到很高的堆放層時，一旦空氣中的濕度或溫度有顯著的變化，就會導致堆層的包裝貨物塌方。倉庫的環境必須仔細地予以控制和測量，以提供適當的物品保護。

所以，企業必須按照一定的養護流程來保持物品的有效使用狀態，避免有造成物品使用價值或價值損失的情況發生，導致企業正常生產經營工作不能如常進行。

步驟五　結帳和存貨

大多數廠商都認為，根據各種物品的週轉特徵來搬運大量儲存產品，最經濟的方法是使用電腦進行結帳和存貨控制。利用電腦可以為倉庫裏每一箱商品都準備一份收貨單，當倉庫接到一份訂單時，電腦就可以按照倉庫實際佈局列出產品清單。

6 貨物收發控制流程

對採購部門採購回來的物品，倉庫應嚴格執行收貨、驗貨、存貨、發貨等一系列標準流程。

步驟一 查驗貨物

倉庫應該設立一個專門的驗收小組，負責對倉庫所收到的採購貨物的品質和數量的檢查、驗收，據實填寫驗收單，根據許可權對不符要求的貨物拒收，或暫且入庫，同時要求供應方採用一定的補救方案給予企業補償。

步驟二 存貨

貨物由倉庫管理人員先行點驗和檢查後，對驗收小組的工作進行驗證，給予簽收，並將實際入庫的貨物品種、數量通知財務部門，以確立本身應負的責任，然後倉庫管理人員應根據存貨的品質特徵分類、分區存放，重制貨物指示圖、物品貨位圖、倉庫貨物布點圖。

步驟三 發貨

企業生產部門一般要填制一式三聯的生產用料單、工程通知單來預先編號並根據已審批的領料單到倉庫部門領用所需要的物料，其中一聯存放在領料部門/工廠，一聯存放到倉儲部門作為其修改倉庫貨物帳的憑據，一聯存放到財務部門作為其審核倉庫貨帳是否帳

實相符的憑證。

步驟四　出/入庫控制

　　企業生產過程中必然需要一定的半成品、在製品等，以保證生產的連續性。所以在這方面企業的倉儲物流作業要做到根據生產流程中所設置的生產半成品、在製品存量指標，來嚴格控制生產過程中的半成品、在製品存量，將剩餘半成品、在製品收入半成品存放區，並於近期及時地將其再次歸入生產流程，保證不會過度生產或發生呆料、滯料。

步驟五　發運貨物

　　企業的倉儲物流作業對於產成品貨物的發運，一定要根據銷售部門所填制的一式四聯的出貨單來嚴格核實發運作業。出貨單必須經銷售部門填寫蓋章後，一聯交倉庫存儲部門作為出貨發運憑證，一聯交發運部門留存，一聯則作為包裝單，隨貨物交給客戶，而第四聯則同其他憑證送往開單部門，作為給客戶開票據的憑據。

步驟六　採用存貨價值流記錄控制系統

　　對於企業的倉儲物流作業來講，其對存貨的價值流記錄控制系統主要應由企業的財務部門完成，這樣才能將實物與帳戶分開保管，保證帳帳相符、帳實相符。存貨價值流記錄控制系統包括如下工作：

1. 成本控制

　　將生產過程中各自的記錄、生產通知單、領料單、計工單、入庫單、出庫單都設置相應的總分類帳戶與明細分類帳戶或數據庫系

統進行成本的核算和控制，歸集並分配生產費用，確定生產成本，進行成本分析。

2.永續盤存控制

設立各種有數量金額的存貨明細帳對存貨的收發和結存進行日常核算，根據有關憑證，逐日逐筆登記存貨的收發數量和金額，隨時反映存貨的流轉狀態，為供應部門、生產部門制定計劃提供必要資料，避免存貨積壓或短缺而給企業經營運作帶來損失。

7 賣場如何進行商品配置

賣場佈局主要是為決定商店營業區內、走道、貨架、收銀台和大類商品的區域位置而設定，在此基礎上具體安排營業設施，而在設定的區域內配置和陳列什麼商品，怎樣配置和陳列商品，則可以通過商品配置表的運用來具體實施。

越來越多的商店賣場內的商品陳列，都運用商品配置表來進行管理，它是現代企業標準管理的重要工具，是商店商品陳列的基本標準。在零售業相當發達的國家，商品配置表的運用非常廣泛，每家企業的每一個商店都有商品配置圖

商品配置表也就是商品在貨架上適當配置，是把商品陳列的排面在貨架上作最有效的分配，以書面表格形式畫出來，可以通過電腦來製作和不斷修改。

步驟一　規劃「商品配置表」時，進行的工作

⑴商品陳列貨架的標準化

⑵商圈與消費者調查

⑶單品項商品資料卡的設立

⑷配備商品配置實驗架

步驟二　規劃商品的陳列配置事項

⑴每一個中分類的陳列尺寸的決定

⑵單品項商品陳列量的確定

⑶根據商品的陳列量、陳列面積、確定相應的貨架數量

⑷商品的陳列位置與陳列排面數的安排

⑸特殊商品用特殊陳列工具

⑹商品配置表的設計

步驟三　將商品放入商品配置表的順序

1.將商品加以歸類

企業首先應對所經營的商品進行歸類，將其劃分爲若干個商品群，可考慮把幾種歸類方法結合起來，對賣場的商品配置與陳列進行整體規劃。這是企業對賣場內進行統一商品配置的前提。

2.將賣場面積加以分配

零售業現代化、規模化最直接的途徑就是經營，在企業的商品規模下，連鎖商店的商品品種多、門類多。例如在超級市場中，食品類就囊括了傳統的食品店、南北貨店、水果店等商店有關的商品，而工業品則包括百貨、家用電器、各類服裝等商品。超級市場近年

來有了突飛猛進的發展,超市將逐步替代原來的菜場、糧油店、雜貨店等,擔負起供應新鮮蔬菜、豆製品以及糧油製品等職能,因此確定各類商品所需的面積勢在必行。

各類商品的面積分配可以有兩種方法。現代企業往往結合這兩種方法進行商品的面積分配。

3.將商品配置在適當的位置

接下來的工作,是設法將商品配置在適當的陳列位置:針對各業態商店內,商品種類繁多的特性,商品位置的配置,應按消費者的購買習慣來確定較好,並且相對地固定下來,方便消費者的尋找。針對所有連鎖店則可以保持陳列統一,這樣不僅方便商店的標準化管理,而且能以此加強消費者記憶,增加整個體系在消費者心目中的地位。對於多層建築的店來說,商品位置的配置包括確定各樓面經營內容和進行每一層的佈局,而單層商店僅需考慮後者。

各樓層經營內容的安排,應遵循自下而上客流量依次減少的原則。一般大型百貨商店都是大致按這樣一個原則安排的,這樣的安排,可以依次分散客流量,減少不必要的擁擠。

4.商品配置複的調整

企業一旦制定商品配置表後,就必須嚴格執行。但商品的配置並不是永久不變的,必須根據市場的變化、所銷售商品的變化、企業本身的經營狀況作相應的調整。

可以一個月、一個季度修正一次,一年大變動一次,同時也要考慮企業不同的業態模式,以及不同的季節、時令、促銷等因素,並作爲修正商品配置表的依據。

商品儲存的管理辦法及相關表格

第一條 倉庫應防衛嚴密，謹防盜竊。

第二條 非保管人員不得任意進入倉庫。

第三條 倉庫內及其附近應置消防設備，並設置消防器材配置圖，以確保安全。

第四條 倉庫應具備經標準局檢定合格單度量衡器具，並應隨時校正妥善保管，以免發生收發料的差異、度量衡器具至少每年做一次總校正。

第五條 各項物料應按類別排列整齊，以「料位卡」標明材料名稱及編號並繪製各類材料存放位置圖。

第六條 易爆易燃的危險性材料應與其他材料隔離保管，並於明顯處標示「嚴禁煙火」。

第七條 未經驗收及驗收中的物料應與收料後的物料分別存放。

第八條 貴重物料應特別儲存。

第九條 未按規定辦妥領料手續不得發料，易變質物料應以「先進先出」方式發料。

第十條 物料保管部門應憑物料收發單據辦理物料收發作業並記錄於「物料收發記錄表」。

材料入庫日報表

編號：　　　　　　　　　　　　　　　　年　月　日

名稱	單位	數量	原庫存量	現有存量	供應廠商	備註

填表：

成品庫存日報表

日期：

物料名稱	物料編號	昨日結存	今日進倉	今日出倉	今日結存	訂單總量	累計發出	備註

製表人：

盤點盈虧表

日期：

盤點票號	物料編號	品名規格	單位	實盤數量	帳目數量	差異數量	差異原因	單價	差異金額

製表人：

半成品庫存日報表

日期：

物料名稱	物料編號	昨日結存	今日進倉	今日出倉	今日結存	生產單匯總	累計差額	備註

製表人：

呆料庫存月報表

日期：

物料名稱	物料編號	規格	入庫日期	單位	發生		擬處理方式	本月處理數量	本月結存數量
					數量	日期			

製表人：

村料庫存日報表

日期：

物料名稱	物料編號	昨日結存	今日進倉	今日出倉	今日結存	安全存量	訂購點	備註

製表人：

收發記錄表

日期	單據號碼	發料量	存量	收料量	退回	訂貨記錄	備註

審核：　　　　　　　　　　　　　　　製表：

庫存品記錄表

類別：　　　　　　　　　　　　　　　日期：

序號	品名規格	轉入日期	轉自批號	數量	處理方式	備註

經理：　　　　　　　主管：　　　　　　　製表：

9 商品入庫前的準備工作流程

要迅速、準確地接收每批入庫商品，必須事先做好充分準備。商品入庫前的具體準備工作流程如下：

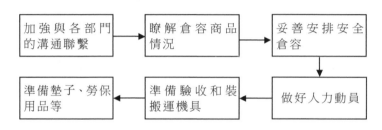

步驟一　加強日常業務聯繫

倉庫根據儲存情況，經常向存貨單位、倉庫主管部門、生產廠或運輸部門聯繫，瞭解來庫商品情況，掌握入庫商品的品種、類別、數量和到庫時間，據以精確安排入庫的準備事項。一般來說，商品入庫，存貨單位或倉庫主管部門要提前（至少一天）通知倉庫，以便倉庫做好接貨的各項準備工作。倉庫對主管部門安排儲存的商品，不得挑剔。

步驟二　妥善安排倉容

當接到進貨單後，在確認為有效無誤時，應根據入庫商品的性能、數量、類別，結合分區分類保管的要求，核算所需的貨位面積（倉容）大小，確定存放位置，以及必要的驗收場地。對於新商品

或不熟悉的商品入庫，要事先向存貨單位詳細瞭解商品的性質、特點、保管方法和有關注意事項，以便商品入庫後做好保管養護工作。

步驟三 動員人力

根據商品進出庫的數量和時間，做好收貨人員和搬運、堆碼人員等的安排工作。採用機械操作的要定人、定機，事先安排作業程序，做好準備。

步驟四 準備驗收和裝卸搬運機具

為保證入庫作業的順利進行，根據入庫商品驗收內容和方法，以及商品的包裝體積、重量，準備齊全各種點驗商品數量、品質、包裝和裝卸、堆碼所需的點數、稱量、測試機具等所有用具。要做到事先檢查，保證準確有效。

步驟五 準備工作用品

根據入庫商品的性能、數量和儲存場所的條件，核算所需用品的數量，據以備足必需的數量。尤其對於底層倉間和露天場地存入的商品，更應注意所需物的選擇和準備。同時，根據需要準備好工作保護用品。

10 商品入庫的操作流程

　　商品入庫，必須經過接貨、搬運裝卸、分標記、驗收入庫、堆碼、辦理交接手續、登帳等一系列操作過程，這些統稱為進倉作業。入庫作業要在一定時間內迅速、準確地完成。

步驟一　大數驗收

　　這是商品入庫的第一工序。由倉庫收貨人員與運輸人員或運輸部門進行商品交接。商品由車站、碼頭、生產廠或其他倉庫移轉，運到倉庫時，收貨人員要到現場監卸。對於品種多、數量大、規格複雜的入庫商品，卸貨時要分品種、分規格、分貨號堆放，以便清點驗收。

　　點收商品要依據正式入庫憑證，先將大件（整件）數量點收清楚。大數點收，一般採用逐件點數計總以及集中堆碼點數兩種方法。逐件點數，靠人工點記費力易錯，可採用簡易的計算器，計算累計以得總數。對於花色品種單一，包裝大小一致，數量大或體積大的商品，適宜於用集中堆碼點數法，即入庫的商品，堆成固定的垛形（或置於固定容量的貨垛），排列整齊，每層，每行件數一致，一批商品進庫完畢，貨位每層（橫列）的件數與堆高（縱列）的件數相乘，每層、每行件數一致，一批商品進庫完畢，貨位每層（橫列）的件數與堆高（縱列）的件數相乘，即得總數。但需注意，碼成的貨垛，其頂層的件數往往是零頭，與以下各層件數不一樣，如簡單

劃一統計，就易產生差錯。

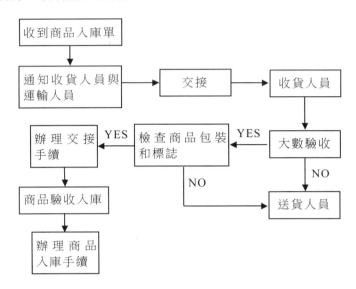

步驟二　　檢查商品包裝和標誌

在商品大數點收的同時，對每件商品的包裝和標誌也要進行仔細檢查。收貨人員應注意識別商品包裝是否完整、牢固，有無破損、受潮、水濕、油污等異狀。對液體商品要檢查包裝有無滲漏痕跡。認真核對所有商品包裝上的標誌是否與入庫通知所列的相符。

步驟三　　辦理交接手續

入庫商品經上述兩個工序之後，即可與送貨人員辦理交接手續，由倉庫收貨人員在送貨單上簽收，從而分清倉庫與運輸之間的責任。

鐵路專用線或水運專用碼頭的倉庫，由鐵路或航運部門運輸的商品入庫時，倉庫人員從專用線或專用碼頭上接貨，直接與交通運

輸部門辦理交接貨手續。

步驟四　驗收商品

商品入庫後，要根據有關業務部門的要求，及本庫必須抽驗入庫的規定，進行開箱，拆包點檢。

步驟五　辦理商品入庫手續

商品驗收後，由保管員或驗收人員根據驗收結果寫在商品入庫憑證上，以便記帳、查貨和發貨。經過覆核，倉庫留下保管員存查及倉庫商品帳登錄所需的入庫聯單外，其餘入庫憑證各聯退送業務部門，作為正式收貨的憑證。

商品入庫手續辦理完畢後，倉庫帳務人員根據保管員（或驗收員）簽收的商品入庫憑證，將倉儲有關項目登入商品保管帳。倉庫的保管帳必須正確反映商品進、出和結存數。在庫商品的貨位編號，應在帳上註明，以便核對帳貨和發貨時查考。

心得欄

- -

- -

- -

- -

- -

- -

11 商品出庫的工作流程

　　商品的入庫、儲存工作按標準執行實施後，出庫就是最關鍵的一個環節。合理、準確的出庫工作直接影響著企業的績效。

步驟一　初核

　　審核商品出庫憑證，主要是審核正式出庫憑證填寫的項目是否齊全，有無印鑑，所列提貨單位名稱、商品名稱、規格重、數量、嘜頭、合約號等，是否正確，單上填寫字跡是否清楚，有無塗改痕跡，提貨單據是否超過了規定的提貨有效日期，如發現問題，應立即聯繫或退請業務單位更正，不允許含糊不清的先行發貨。

步驟二　配貨

　　按出庫憑證所列的項目內容，核實並進行配貨。屬於自提出庫的商品，不論整零，保管員都要將貨點齊，經過覆核後，再逐項點付給提貨人，當面交接，以清責任。屬於送貨的商品，應按分工規定，由保管人員在包裝上刷寫粘貼各項發運必要的標誌，然後集中到理貨場所待運。

步驟三　待運

　　送貨的商品，不論整件或拼箱的，均須進行理貨，集中待運。待運商品，一般可分公路、航路、鐵路等不同的運輸方式與路線和

收貨點，進行分單（票）集中，便於發貨。

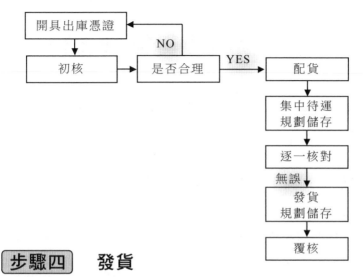

步驟四　發貨

運輸部門人員持提貨單到倉庫時，保管員或收發貨員應逐單一一核對，並點貨與運輸人員，劃清責任。發貨結束，應在隨車清單上加蓋「發訖」印記，並留據存查。

發貨時，應同時填發「商品出門證」，交給提貨人員，以便倉庫門崗值班人員查驗放行。

倉庫發貨，原則上是按提貨單當天一次發完，如確有困難不能當日提取完畢的，應分批提取。保管員須向提貨人交代分批提取手續，每批次發貨時均應記錄並核對，謹防差錯。

步驟五　覆核

保管員發貨後，應及時核對商品儲存數，同時檢查商品的數量、規格等是否與批註的帳面結存數相符。隨後核對商品的貨位量、貨卡，如有問題，及時糾正。

12 物料收貨控制流程

　　物料是生產作業的加工對象，它是產品品質保證的核心。企業在外物料收貨時，必須進行嚴格的控制。

步驟一　供應商送貨

　　⑴供應商送貨車到廠區後，應及時將《送貨單》呈交至物控部收料組處，由收料組人員安排在指定的待驗區，若是生產急料，收料組人員可將料先收到生產備料區。

　　⑵貨卸至指定待驗後，收料組人員將大件箱數與《送貨單》核對，無誤後開出《進料驗收單》與《送貨單》一起呈交至相關貨倉。

步驟二　驗收進料數量

　　⑴貨倉管理員收到貨單後，即著手核對《送貨單》與《訂購單》是否有誤，如果有誤，即通知採購部門確認是何種原因弄錯，直至更正無誤為止。

　　⑵貨倉管理人員安排人員再核對一次大件箱數是否有誤，再按5%～15%比例抽查單位包裝。單位包裝內若出現包裝不足現象，應與供應商送貨人員一起確認，再加大比例抽樣。

　　⑶加大比例抽樣後，計算出包裝不足的平均數量，然後計算出總的包裝不足數量，開出《物料異常報告》經供應商送貨人員簽字。

　　⑷貨倉管理員將實際的數量填入《進料驗收單》中，然後將《進

料驗收單》和《物料異常報告》轉交至品管部 IQC 組。

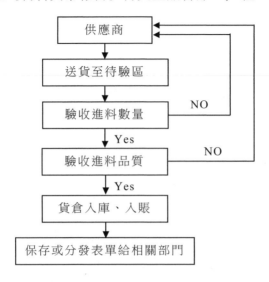

⑸數量驗收處理時間：

①物控部收料組處理一般物料的時間為 30 分鐘內，處理急料的時間為 10 分鐘內。

②貨倉部處理數量驗收的時間為 2 小時內，急料為 1 小時內，特急料為 30 分鐘內。

步驟三　**驗收進料品質**

⑴品管部 IQC 組收到《進料驗收單》後，按《進料檢驗與試驗控制流程》和《進料檢驗規範》進行檢驗。

⑵經檢驗合格者，在《進料驗收單》上註明「ACCEPT」並寫上檢驗損耗數，同時在物料外包裝明顯位置貼上「IQCPASS」標籤，留下聯單，做好檢驗記錄，將《進料驗收單》和《物料異常報告》回執給貨倉。

⑶不合格者在《物料異常報告》上註明，馬上呈交至上級主管，召集相關部門進行會審，按《特採作業控制流程》和《不合格品控制流程》進行處理。

步驟四　貨倉入庫與入帳

⑴貨倉收到 IQC 回執的單據後，若有包裝不足，則將《物料異常報告》呈交採購部門處理。

⑵貨倉管理員安排人員將合格品搬運到指定庫區，並掛上《物料卡》。

⑶貨倉管理員按《進料驗收單》的實際收入數量入好帳目。

步驟五　表單的保存與分發

貨倉管理員視情況緊急與否，將當天的單據分散或集中分送到相關部門。

13 物料驗收的流程

物料驗收入庫工作，涉及到貨倉、品質、物料控制、財務等諸多部門。

步驟一　確認供應廠商

物料從何而來，有無錯誤。如果一批物料分別向多家供應商採

購,或同時數種不同的物料進廠時,驗收工作更應注意,驗收完後的標識工作非常重要。

步驟二　確定交運日期與驗收完工時間

這是交易的重要日期,交運日期可以判定廠商交期是否延遲,有時可作為延期罰款的依據,而驗收完工時間有不少公司作為付款的起始日期。

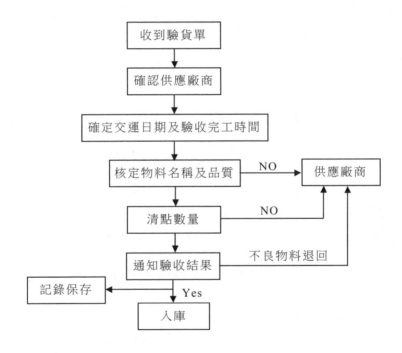

步驟三　核定物料名稱及品質

收料是否與所訂購的物料相符合併確定物料的品質。

步驟四　清點數量

查清實際承交數量與訂購數量或送貨單上記載的數量是否相符。對短交的物料，即刻促請供應商補足；對超交的物料，在不缺料的情況下退回供應商。

步驟五　通知驗收結果

將允收、拒收或特採的驗收結果填寫於物料驗收單上通知有關單位。物料控制部門得以進一步決定物料進倉的數量，採購部門得以跟進短交或超交的物料，財務部門可根據驗收結果決定如何付款。

步驟六　退回不良物料

供應商送交的物料品質不良時，應立即通知供應商，準備將該批不良物料退回，或促請供應商前來用良品交換，再重新檢驗。

步驟七　入庫

驗收完畢後的物料，入庫並通知物料控制部門，以備產品製造之用。

步驟八　記錄

供應商交貨的品質記錄等資料，是供應商開發及輔導的重要資料，應妥善保管存檔。

14 物料出倉的控制流程

倉庫為加強服務績效,對於發出物料,必須事先與各部門協調,做好準備。

步驟一 下達生產命令

⑴計劃部門根據《週生產計劃》和物控部提供的物料齊備資料簽發《製造命令單》給物控部。

⑵物控部門根據《製造命令單》開列《發料單》並分別派發至生產部門和貨倉部門。

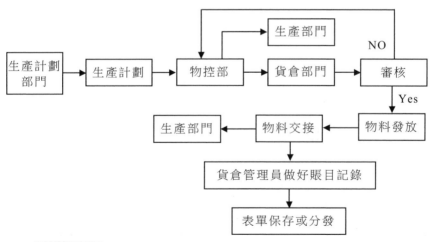

步驟二 物料發放

⑴貨倉管理員接收到《發料單》後,首先與 BOM 核對,有誤時

應及時通知物控開單人員，直至確認無誤後將《發料單》交給貨倉物料員發料。

⑵物料員點裝好料後，及時在《物料卡》上做好相應記錄，同時檢查一次《物料卡》的記錄正確與否，並在《物料卡》上簽上自己的名字。

步驟三　物料交接

物料員將料送往生產備料區與備料員辦理交接手續，無誤後在《發料單》簽上各自名字，並各自取回相應聯單。

步驟四　帳目記錄

貨倉管理員按《發料單》的實際發出數量入好帳目。

步驟五　表單保存與分發

管理員將當天的單據分類整理好存檔，並分送到相關部門。

心得欄

15 物料退料補貨流程

生產過程中難免產生不良物料,不能隨意丟棄,生產部門應將不良物料分門別類,退至相關部門驗收,以免造成不必要的浪費。

步驟一　退料匯總
生產部門將不良物料分類匯總後,填寫《退料單》,送至品管部IQC 組。

步驟二　品管鑑定
品管檢驗後,將不良品分為報廢品、不良品與良品三類,並在《退料單》上註明數量。對規格不符物料、超發物料及呆料退料時,退料人員在《退料單》上備註不必經過品管直接退到貨倉。

步驟三　退貨
生產部門將分好類的物料送至貨倉,貨倉管理人員根據《退料單》上所註明的分類數量,經清點無誤後,分別收入不同的倉位,並掛上相應的《物料卡》。

步驟四　補貨
因退料而需補貨者,需開《補料單》,退料後辦理補貨手續。

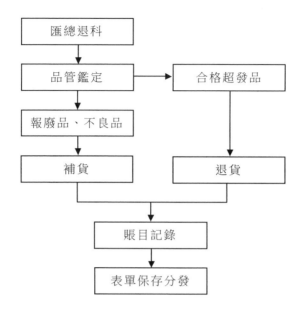

步驟五　帳目記錄

貨倉管理員及時將各種單據憑證入帳。

步驟六　表單保存與分發

貨倉管理員將當天的單據分類歸檔,並分送到相關部門。

16 半成品入庫控制流程

由於各種不同的原因，並非只有成品才入庫保存，必要時半成品也需入庫保存，就要執行半成品入庫流程。

步驟一 檢驗半成品

⑴生產部門組長開出「半成品入倉單」，送至品質稽核員處。

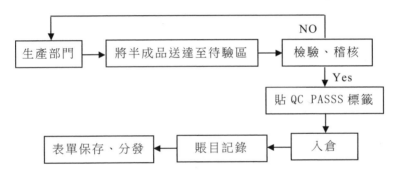

⑵經品質稽核員（QA）核查後，貼上「QCPASS」標籤，並在「半成品入倉單」簽名。

步驟二 半成品入倉

⑴半成品生產部門的物料人員將單和貨一起送至半成品倉庫。

⑵半成品貨倉管理人員即著手安排貨倉物料人員按2%—5%抽點單位包裝數量，並在抽查箱面上註明抽查標記。

⑶數量無誤後，貨倉管理人員在《半成品入倉單》上簽名，各

取回相應聯單,將貨收入指定倉位,掛上《物料卡》。

步驟三 帳目記錄

貨倉管理人員及時做好半成品的入帳手續。

步驟四 表單保存與分發

貨倉管理員將當天的單據分類歸檔或集中分送到相關部門。

17 半成品出倉控制流程

根據生產需要,倉庫按照生產部門指令,將半成品及相關物料發放至相關部門。具體步驟如下:

步驟一 下達生產命令

⑴生產計劃部門根據《週生產計劃》和物控部提供的物料齊備資料簽發《製造命令單》給物控部。

⑵物控部門根據《製造命令單》開列《半成品發料單》,並分別派發至生產部門和貨倉部門。

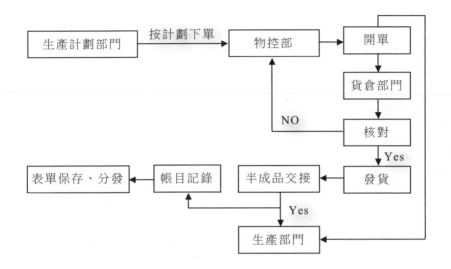

步驟二 半成品發放

⑴貨倉管理員接收到《半成品發料單》後,首先與 BOM 核對,有誤時應及時通知物控開單人員,直至確認無誤後將《半成品發料單》交給貨倉物料員發料。

⑵物料員點裝好料後,及時在《物料卡》上做好相應記錄,同時檢查一次《物料卡》的記錄正確與否,並在《物料卡》簽上自己的名字。

步驟三 半成品交接

物料員將料送往生產備料區上與備料員辦理交接手續,無誤後在《半成品發料單》簽上各自名字,並各自取回相應聯單。

步驟四　帳目記錄

貨倉管理員按《半成品發料單》的實際發出數量入好帳目。

步驟五　表單保存與分發

管理員將當天的單據分類整理好存檔，並分送到相關部門。

18 半成品退料補貨流程

生產中造成的不良物料、超發物料或來料不良等都需填寫相應表單，嚴格按照退料流程辦理。

步驟一　退料匯總

生產部門將製損或來料不良半成品分類匯總後，填寫《半成品退料單》，送至品管部。

步驟二　品管鑑定

品管檢驗後，將不良品分為製損、來料不良品與良品三類，並在《半成品退料單》上註明數量。對於超發半成品退料時，退料人員在《半成品退料單》上備註不必經過品管直接退到貨倉。

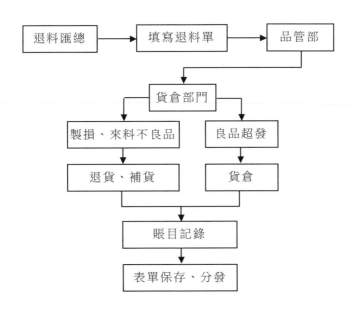

步驟三　半成品退貨

生產部門將分好類的半成品送至貨倉，貨倉管理人員根據《半成品退料單》上所註明的分類數量，經清點無誤後，分別收入不同的倉位，並掛上相應的《物料卡》。

步驟四　補貨

因退料而需補貨者，需開《半成品補料單》，退料後辦理補貨手續。若半成品存貨不夠補貨者，需立即通知物控部門和半成品生產部門，以便及時安排生產。

步驟五　帳目記錄

貨倉管理員及時將各種單據憑證入帳。

<u>步驟六</u>　　**表單保存與分發**

貨倉管理員將當天的單據分類歸檔，或集中分送到相關部門。

19 物料存儲保管運作流程

倉庫物料保管工作做得到不到位，直接影響著生產進度，從而影響著企業績效，因此存儲保管工作需慎之又慎。

<u>步驟一</u>　　**標示與規劃儲區**

所有入庫的物料均需標示清楚且放置在指定的區域，並根據物料、產品的特性（大小、規格、體積）統一規劃存放區域。

<u>步驟二</u>　　**管理儲區環境**

為確保物料不變質，儲存區應保持通風，地面保持乾淨、料架清潔，定期打掃環境衛生，垃圾及時清除。

<u>步驟三</u>　　**管理儲存期限**

為確保物料先進先出，各倉庫根據物料的特性制定儲存期限，過期材料如需利用時，必須先檢驗是否合格後，方可利用。化學物品根據分包商出廠標籤管制其儲存期限，如過期則由採購部門出面處理。

步驟四　管理儲區安全

⑴加強消防器材保養、清潔及維護，消防設備區域不得堵塞。

⑵物料堆放不得靠近電源插座，通道保持暢通。

⑶物料包裝完整且做好防塵工作，倉管員每天下班須關閉電源、鎖好門窗。

⑷物料不得直接置放於地面上（如一時因週轉有限，原則上堆放期間不能超過一週），避免受潮而變質。

⑸庫房內嚴禁煙火，應保持整潔、乾淨、通風。

⑹易燃、易爆物儲存時須單獨隔離倉庫。

⑺物料堆放高度應適當（與燈具垂直正下方距離不小於 0.5m）、安全，以免崩落傷人。

⑻物料儲存不得阻礙通道通行及妨礙機械設備操作。

⑼物料儲存不得阻礙滅火器的使用或阻礙安全出入口、電器開關等。

⑽堆積的物料不得從下部抽出移動。

⑾應對有使用期限的物料標示出其使用期限，注意先出，並應於期限內使用完畢。

⑿物料若無法儲存於室內時，則應於物料上加蓋帆布等防雨設施，以防雨淋造成物料損壞或污染環境。

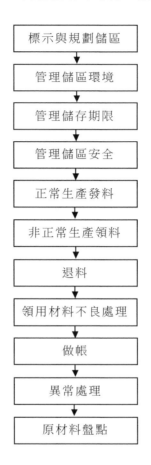

步驟五 **正常生產發料**

　　生產部在領料前一天將《配置單》及《批號領料匯總表》下達給倉庫主管，倉庫主管根據上述資料安排倉管員進行材料確認及備料工作。如有異常應立即通知生管人員及採購人員。

　　各工廠領料人員按生產計劃至倉庫進行領料作業，如屬易混淆的物料，應攜帶技術部所確認的樣品進行核對，可能產生色差的物

料應按廠家生產批號或其他標示進行區分。雙方確認數量無誤後，將結果記入《批號領料匯總表》。

發料時如遇非整包裝的領料，應先發放零星物料，保持同一種物料在倉庫最多只有一個尾數包裝。

步驟六　非正常生產領料

工發用料、品管實驗、樣品製作、生產消耗等非正常領料按領料單進行作業，其中因生產消耗引起的領料應結合《材料不良申報表》一起使用。

步驟七　退料

各部門所領物料，如因領錯或損耗估計過高而出現結餘，在保證物料使用性能的前提下，應及時開具《退料單》將材料退回倉庫。

步驟八　領用材料不良處理

生產工廠針對領用材料不良，應分析具體原因，並以《材料不良申報表》申報，經品管部進行原因確認後，轉生管部簽署處理意見，對於須退回供應商部份，倉庫應予以接收並區別放置，明顯標示，不得重覆領用。

步驟九　做帳

倉管員應及時傳遞各種出入庫單據，並於當日下班前依進出庫單據做好《實物保管帳》，倉庫主管依據每日生產進度及物料狀況，有欠料時於每日上午 10 點前做出《資材欠料狀況表》分發給採購主管和生管主管各一份。

　　倉庫主管應對《資材欠料狀況表》的處理結果進行跟蹤督促，以免延遲生產供料計劃的執行：

　　⑴當該批產品無法按生產計劃供料時，倉庫主管立即向部門經理報告並跟蹤處理意見。

　　⑵部門經理應立即向相關部門聯繫制訂應急計劃，必要時報告總經理，以便督促及時處理。

步驟十　　異常處理

　　如客戶取消訂單或材質更改造成呆料，則倉庫主管須在接營業通知後的 6 小時內做出《客戶訂單取消入庫材料申報表》交採購和財務計算賠償金額，請營業經理或總經理向客戶索賠。

步驟十一　　原材料盤點

　　⑴倉庫主管、材料主管應不定期對倉管員的帳物合一狀況進行抽檢，以確保倉管員按規範進行操作。

　　⑵材料會計應在每月月底組織倉庫進行物料小盤點，對部份物料進行盤點，倉庫須全力配合其要求進行物料數量清點，並將結果計入《××月份盤點表》，並對差異原因進行檢討。

　　⑶財務部每年應選擇生產淡季進行年度物料盤點，對所有物料庫存進行徹底清查。原則上定於 6 月份進行，屆時應制訂詳盡計劃，對收發料截止、盤點分工、報表提交、差異追蹤等做出明確規定。

20 商品庫存管理制度

步驟一 工作崗位責任制度

⑴倉庫的各級人員必須以制定的崗位責任制為依據開展工作，並負責到底。

⑵各級人員的職責原則上不能替代，也不能越權。但遇有緊急情況時例外，緊急情況的內容包括：因發生各種災害而導致情況火急等。

⑶倉庫現場的直接管理責任者是倉庫主任，所有日常工作應在主任的安排下統一調度、集中指揮、準時行動，並快速反應資訊。

步驟二 作業部門制度

⑴作業組織的目標是：在有效的策劃與部署下，快速行動。以最小的人力、物力消耗，優質、高效和安全地完成任務。

⑵倉庫的資源配置應能滿足崗位責任制度中的需要，例如人力、機械、設備、場地、環境等方面要及時滿足。

⑶資訊的收集與反饋要及時且有效，如有關職能部門的業務計劃、用料計劃、保管計劃和運輸與配送資訊等。

⑷倉庫主任應負責編製作業計劃，包括月計劃和旬計劃。

⑸作業中如發現作業能力不足，完成任務有困難時，相關擔當人員要及早報告，以便及時採取應對措施。

⑹倉管員負責制訂具體的作業方案，對方案中有協助要求事項

的要在倉庫主任的批准下請求派工。

⑺作業任務分配到班組後相關人員要積極完成。對包括品質、數量、時間等要素的作業完成情況由擔當人員進行檢查和確認，出現隱患或問題時要及時採取措施預防或處理。

⑻作業組織形式可以分為工序制與包乾制兩種，具體選擇的結果須至少得到倉庫主任的口頭批准。

步驟三　倉庫管理制度的內容

倉庫管理制度的內容：

- ·人員的崗位責任制度；
- ·管理者的指揮職責制度；
- ·倉管員責任制；
- ·收發物料責任制；
- ·物料養護責任制；
- ·財務與統計責任制；
- ·安全責任制；
- ·人員出入檢查制度；
- ·火源監控制度；
- ·安全與事故隱患監督責任制；
- ·消防責任制。

步驟四　入庫業務管理制度

⑴在車站、碼頭提貨時，擔當人員要做到：

- ·瞭解所提取貨物的品名、型號、特性和一般保管與搬運知識；
- ·在提貨前做好準備工作，如裝卸工具、運輸設備、存放場地

等；

· 主動瞭解到貨時間與交貨情況；

· 提取貨物時應根據貨單資料詳細核對品名、規格、數量等一致；

· 注意檢查貨物外觀，查驗包裝狀態，如封印是否完好，有無髒汙、受潮、水漬、油漬等，若有疑點或不符，須當場核對；

· 確認提貨無誤後方可安排搬運。

⑵物料的驗收過程包括對實物的數量和品質進行規定流程的檢查，只有驗收合格的物料方可入庫保管。

⑶對驗收合格的物料由倉管員負責入帳，內容包括記帳本和錄入電腦。並記錄物料的類別、品名、規格、數量、批次、編號、供貨單位等。

⑷對已入帳的物料由倉管員負責建立標識卡，如現品表、存貯卡等。並在搬運人員協助下將物料按規定放置指定的區域。

⑸由倉管員負責對已入庫的物料建立檔案，內容包括：

· 物料出廠的各種憑證；

· 物料的技術資料；

· 物料運輸過程中的特別事項記錄；

· 檢重及檢驗憑證；

· 物料保管期的檢查記錄結果，養護措施及損益變動情況；

· 環境管理要點；

· 物料出庫憑證。

步驟五　出庫業務管理制度

⑴發出物料的憑證是有效的物料配送單和出庫單，倉管人員憑

此單據發出物料。

(2)發料時必須遵守先進先出的原則，嚴防物料過期變質。

(3)嚴格執行專料專用，不得隨意挪用物料。

(4)對規定必須回收的物料嚴格執行回收制度，退舊才能領新，領新必先退舊。有異常情況時須報相關的課長級以上管理者批准。

(5)嚴格按照物料消耗定額發料，超出定額時必須有相關部門主管的批准。

(6)物料出庫的「5 不」發料原則：

· 無發料憑證或憑證無效時不發；

· 手續不合要求的不發；

· 品質不符合要求的不發；

· 規格不對、配件不齊的不發；

· 未經登帳入卡的物料不發。

(7)物料出庫必須準確、及時，出庫工作應儘量一次完成，以免造成混亂和差錯。

(8)物料出庫後必須及時入帳，確保帳目與實物保持平衡。

步驟六　在庫業務管理制度

(1)為物料提供適宜的保管環境，要求負責人員要根據不同的物性並結合具體條件，將物料存放在合理的場所和位置。

(2)為物料提供必要的保養和維護，這是為物料創造良好的保管條件的補充。可以滿足物料的物理和化學特性變化運動的需要。

(3)按規定的頻率進行盤點，並提供有效的資料資訊，以便得到準確的統計結果。

(4)如需要調整物料的存貯位置時，應在主任的批准下按相關規

定進行。

(5)存貯中的物料如發生紙箱變形、傾斜、擠壓、跌落等現象時，擔當人員要及時採取措施處理，嚴防擴大後果。

步驟七　人員進出管理制度

(1)除物料擔當人員和搬運人員外，其他人員未經批准，一律不得進入倉庫。

(2)嚴禁任何人在進出倉庫時私自攜帶物料。

(3)遇有來賓視察時須在主任級別以上的人員陪同下方可進入倉庫。

步驟八　倉庫安全管理制度

(1)倉庫安全，人人有責，任何人不得有損害安全的行為。

(2)倉庫的消防系統由行政部的總務組負責維護，並按月別進行檢查、確認。

(3)遇有在倉庫從事電焊等高危度作業時，必須有關聯部門主管的批准，並在確認防護措施完好後方可開始作業。

(4)倉庫重地、嚴禁煙火，任何人不得攜帶火源、火種進入庫區。

(5)倉庫的建築設施由行政部後勤課負責維護，如防風暴、防雨水、防鼠及蟲害等事務要定期檢討，消除隱患。

(6)嚴格落實防盜措施，凡有門鎖的庫房人員離開時必須加鎖，鑰匙統一放在辦公室保管。授權的密碼要妥善管理，嚴禁對未授權人員傳授密碼。

(7)倉庫的內部保安人員要嚴格執行放行制度，及時做好必要的記錄，對發出的大宗物料或比較貴重的物料，有責任查看出庫憑證。

(8)嚴禁在物料資料庫的專用電腦上從事其他業務，任何人查詢資料完畢時必須及時退出系統，嚴防病毒侵襲和非法操作。

21 商品庫存的色標管理法規定

倉庫物品標識清楚，大大提高了倉庫物品出入庫的工作效率，其中顏色標識就是最好的方法之一。

步驟一 色標的式樣

形狀：圓形

尺寸：直徑 32/16/8mm

紙質：彩色油光紙

粘性：可以粘貼各種固體物

步驟二 色標使用方法

· 使用範圍：化工原料、有機溶液、各種試劑；

· 粘貼位置：包裝袋的開口位置正中間，器皿正前方醒目處；

· 責任人員：由物料擔當人員按規定粘貼；

· 永久粘貼，隨原包裝一起存在

步驟三 特殊情況處理

跨越年度的處理：當粘貼的色標已跨越一個使用年度（週期）

時，則需要在其原色標的旁邊加貼備用的紅色標籤。每跨越一個使用年度，需要增加一枚紅色標。

步驟四　色標的顏色規定

月份	顏色
1 月	棕
2 月	玫瑰紅
3 月	粉紅色
4 月	橙
5 月	黃
6 月	白
7 月	灰
8 月	淺綠色
9 月	綠
10 月	藍
11 月	紫
12 月	黑
備用色	紅色

22 商品庫存的堆放原則

　　倉庫物品琳瑯滿目，各有其特性，如何堆放都應遵循相應的原則，科學合理的堆放才能保證倉庫井然有序。

1.三層以上要騎縫堆放

· 形式：相鄰層間要箱體互壓
· 要求：相互聯繫、合為一體
· 作用：防止偏斜、摔倒

騎縫放置

2.堆放的物料不能超出卡板

· 形式：堆放的物料要小於卡板尺寸
· 要求：受力均勻平衡，不要落空
· 作用：防止碰撞、損壞紙箱

超出卡板

3.遵守層數限制

· 形式：紙箱上有層數限制標誌
· 要求：按層數標誌堆放，不要超限
· 作用：防止壓跨紙箱、擠壓物料

最高 5 層

4.不要倒放物料

- 形式：紙箱上有箭頭指示方向
- 要求：按箭頭指向堆放，不要違反
- 作用：防止箱內物料擠壓

5.紙箱已變形的不能堆放

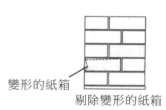

- 形式：紙箱外部有明顯的折痕
- 原因：紙箱不能承重
- 要求：受損紙箱要獨立放置
- 作用：防止箱內物料受壓
- 注意：已變形的紙箱可以放在貨架上

6.紙箱間的縫隙不能過大

- 形式：同層紙箱有間隔距離
- 原因：紙箱尺寸不協調。
- 要求：最大縫隙應不能大於紙箱
- 作用：防止箱內物料受擠壓

7.特殊物品的堆放原則

特殊物品指的是易燃、易爆、劇毒、放射性、揮發性、腐蝕性等危險物品，它們的堆放原則其實是因物而異，但也有一些共性的原則，例如：

- 危險物品不能混放，如易燃、易爆品不能與劇毒品放一起；
- 危險物品最好不要堆放，一定要堆放時要嚴格控制數量；
- 堆放時一定要確認並保持其原包裝狀態良好；

· 特殊物品不能騎縫堆放；

· 特殊物品不能依靠其他物品堆放；

· 堆放特殊物品的垛之間必須要有適當的間距；

· 放置在貨架上的特殊物品不能堆放；

· 存放區域不受週圍環境影響；

· 盡可能滿足其特殊性的要求。

特殊物品存在隱患的可能性比較大，因而，滿足其特殊性的要求就可以減少隱患發作的機會，確保存貯的安全性。

23 倉庫搬運工作須知

步驟一 權責

規範人員的搬運行為，實現標準化作業。適合於所有人員在公司內部進行的搬運作業。

(1)由物管部負責制定，物管部經理批准後生效；

(2)所有實施搬運作業的幹部有責任培訓並指導搬運人員；

(3)所有實施搬運作業的人員應當遵守該文件的規定。

步驟二 搬運工作內容

(1)搬運紀律

①服從指令，聽從指導，顧全大局，統一行動，確保搬運工作有效。

②專職搬運人員工作時必須穿著工作裝，其他人員臨時從事搬運時應視具體的搬運內容由主任級別以上人員決定是否需要穿工裝防護。

③嚴禁未授權人員操作搬運工具。

④嚴格落實搬運計劃，遇有計劃不能完成時，擔當人員要事先向搬運組長或主任等人員通報，以便採取措施。

⑤杜絕野蠻裝卸，嚴禁坐臥被搬運物品。

⑥作業過程中不准偷懶、走開、脫逃、睡覺等，不准偷拿被搬運物品。

⑦嚴格遵守各種登記、檢查的規定和制度。

(2)工作精神

①作業中必須精神飽滿，不得散懶、打瞌睡、萎靡不振。

②保持平和的心態搬運，不得因賭氣、發洩等因素在工作中粗暴搬運。

③要像愛護自己的手一樣，愛護被搬運物品。

(3)工作作風

①搬運是一個過程，這個過程中一定要實事求是，堅持原則。

②自己做的工作自己負責到底，不推卸責任。

③工作做到家，搬運搬到位，不留後遺症。

(4)工作要求

①工作配合要求。在搬運中要積極合作，不論分工如何，所有人員必須全力投入、默契配合。

②保質保量完成搬運任務，搬運作業中遇有困難事項時要積極採取對應措施，不能解決時要及時報告上級。

③搬運大件物品和特殊物品時要專門指定監督人員或指揮人

員。

④按規定使用各種搬運器具，不得胡亂使用，不得超載。

⑤堆放物品時要嚴格執行相關規定，如高度限制、區域、層次等。

(5)注意事項

①注意搬運場所的現場規定，要嚴格執行。

②注意物品使用者對搬運事項的吩咐和要求。

③善待搬運人員、搬運器具和被搬運物品。

(6)獎懲規定

①預防發生搬運事故或阻止事故擴大者，視其性質給予一定的獎勵。

②屢次積極完成搬運任務者給予適當獎勵。

③檢舉、揭發和阻止惡性搬運行為或其他不良行為的給予適當獎勵。

④搬運事故的肇事責任者要承擔相應責任，並視其性質給予一定的懲罰。

⑤經常不能按時完成搬運任務者給予批評、訓導或懲罰。

⑥夥同他人製造惡性搬運行為或發生其他不良行為的給予適當處分。

(7)安全規定

①搬運場所嚴禁煙火。

②搬運易燃易暴品時要充分閱讀物品說明書後才可以進行。必要時可以安排適當的技能培訓。

③發生搬運事故時要優先搶救傷員、積極保護財產安全。

④搬運中發生物品被摔倒或碰撞等現象時要及時向關聯部門通

報，以便他們決定該物品是否需要重檢。

⑤定期檢查搬運器具，及時消除隱患。

⑥遵守各種安全規定和制度，確保搬運作業安全。

包裝工作日報表

編號：　　　　　　　　　　　　　　　　　　　　　　　年　　月　　日

製造號碼								
品名規格								
訂購量								
入袋	本日數量							
	累計數量							
裝箱	本日數量							
	累計數量							
打包	本日數量							
	累計數量							
累計	繳庫數量							
本批工時	本日工時							
	累計工時							
本批工資	本日工資							
	累計工資							
……								
備註								

經理		廠長		主管		製表	

產品包裝記錄卡

客戶	訂單號碼	箱數	訂量	交貨日期	頁次

包號	訂量	箱號	包裝進量		合計	
			日期			
			數量			
			累積			
			箱號			
			日期			
			數量			
			累積			
			箱號			
箱子外表		（正）側	注意事項			

搬運作業登記表

搬運設備名稱								
搬運物品	名稱							
	每月數量							
	單位							
搬運部門及途徑	起							
	訖							
	途徑							
每月工作量（小時）	人力							
	裝載							
	卸貨							
	搬運							
	合計							
設備需要量								

產品包裝日報表

年　月　日

等包產品							
等包裝量				不良回修量			
項目＼品名	前存	移入	繳庫	待包量	不良品	回修品	說明

物料使用			
項目	外箱	膠帶	說明
前存			
領入			
使用量			
結存量			

包裝量比較						
班別	包裝量			差異原因	主管解決對策	廠長意見
	標準	實際	差異率			

工時
標準　　　時，實際　　　時，累計　　　時
差異原因：

經理：　　　　　　　主管：　　　　　　　製表：

裝卸貨搬運檢查表

搬運活性級別	貨物狀態描述	檢查
0 級	貨物雜亂地堆放在倉庫或配送中心地面	
1 級	貨物已經被成捆地捆紮或集裝起來	
2 級	貨物被置於箱內,下面放有枕木或襯墊,以便於堆高車或其他機械進行卸搬運	
3 級	貨物被放置於台車或起重機等裝卸、搬運機械上,處於即可移動的狀態	
4 級	貨物已被起動,處於裝卸、搬運的直接作業狀態	

材料般運途徑分析表

生產產品:　　　　　　　　　　　　　　頁次

預計產量:　　　　　　　　　　　年　月　日

物料名稱	類別代號	裝載部門	送達部門	搬運途徑	每月搬運數量	容器類別	容器個數	備註

各部門間搬運分析表

生產產品：　　　　　　　　　　　　　　　　　　　頁次

預計產量：　　　　　　　　　　　　　　　　　　年　月　日

運入					運出				
部門	物品名稱	單位	每月運量		部門	物品名稱	單位	每月運量	
			正常	最高				正常	最高

材料搬運分析表

工廠名稱：　　　　　　　　日期：　　　　　　　　第　頁

類別			搬運項目	包裝方式	容器尺寸			單位重量	形狀	備註	搬運等級
材料	半成品	成品			長	寬	高				

搬運作業工作分析表

工廠名稱：　　　　　　　　　　產品：　　　　　　　　產量：

搬運物品名稱										
重量										
日期										
容器類別	散										
	箱										
	容器										
	其他										
搬運起點										
搬運訖點										
搬運距離										
搬運工具及數量	堆高機										
	輸送帶										
	人力										
	其他										
備註										

24 物料供應管理流程

　　物料供應是生產的源頭，把好物料供應關是保證生產順利進行的關鍵一步。制訂採購計劃、選擇供應商都須相關部門落實到位。

步驟一　匯總原材料需求

　　⑴由生產部匯總工廠生產使用材料的需求，報送儲運公司。

　　⑵儲運公司供應科根據庫存情況，確定需要採購的原材料的品種、規格和數量。

　　⑶如果有新的原材料需求，供應科應先進行市場調研，提供多個供應商備選。

　　⑷任務重點：匯總原材料需求，核對庫存，確定採購品種、規格和數量。

步驟二　供應商資訊管理

　　⑴儲運公司應建立供應商資訊數據庫，包括供應商的地理位置、價格、品質、信用和售後服務等。

　　⑵根據需要和可能，隨時更新供應商資訊數據庫。

　　⑶任務重點：供應商資訊管理。

步驟三 **制定原材料採購計劃**

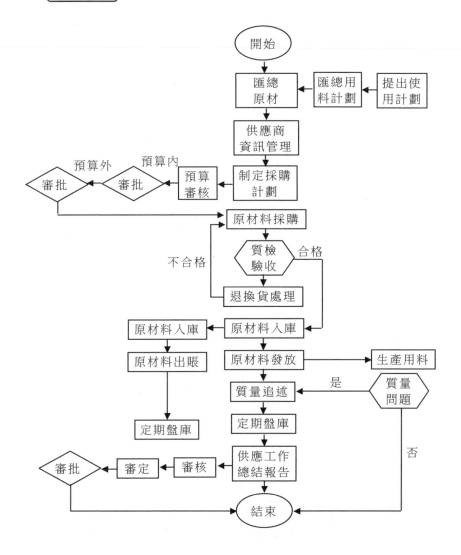

⑴由儲運公司供應科制定原材料採購計劃，並運載其中的價格變化原因，做出詳細說明。

⑵報財務部進行預算審核。

⑶如果採購計劃在成本預算範圍內，報市場總監審批。

⑷如果採購計劃超出成本預算範圍，退回生產部，重新修訂用料計劃。

⑸如修改後的用料採購計劃，仍然超出成本預算範圍，經過財務部審核後，上報公司總裁審批。

⑹任務重點：制定《原材料採購計劃》。

步驟四　原材料採購

⑴《原材料採購計劃》批准後，由儲運公司供應科制定採購手續、採購原材料。

⑵任務重點：原材料採購。

步驟五　原材料質檢驗收

⑴由儲運公司供應科組織，品質管理部（或工廠技術品質科）負責對原材料進行品質檢驗。

⑵對不合格的原材料進行退、換貨處理；對合格的原材料辦理入庫手續。

⑶任務重點：原材料品質檢驗。

步驟六　原材料入庫

⑴儲運公司將品質檢驗合格的原材料入庫，原材料的入庫單報送財務部入帳。

(2)任務重點：原材料入庫

步驟七　原材料發放

(1)原材料出庫單報送財務部出帳。

(2)生產中若發現原材料有品質問題，由供應科負責進行品質追述處理。

(3)任務重點：按需求計劃，領用原材料（限額領料）。

步驟八　定期盤庫

(1)儲運公司定期對庫存原材料進行盤點，財務部給予配合。

(2)任務重點：核查原材料庫存情況。

步驟九　供應工作總結報告

(1)儲運公司對原材料採購和庫存等供應工作進行總結，擬寫《採購總結報告》。

(2)報財務部審核。

(3)報市場總監審定

(4)呈報公司總裁審批。

(5)任務重點：物質供應工作總結。

25 配送中心作業流程

配送中心的作業按單行使，依訂單要求、按指定方式訂貨、裝卸貨、入庫等。

步驟一　訂單處理作業

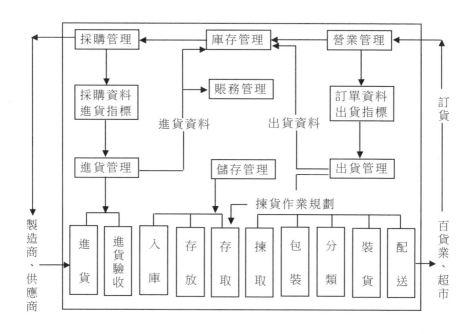

配送中心發揮配送功用開始於客戶的詢價、業務部門的報價，然後接收訂單，業務部門查詢出貨日的庫存狀況、裝卸貨能力、流

通加工負荷、包裝能力、配送負荷等情況，設計滿足客戶需求的配送操作。

步驟二　業務協調

當配送中心受到約束而無法按客戶要求交貨時，業務部門需進行協調。由於配送中心不隨貨收款，因此在訂單處理時，需要查核公司對客戶的信用評價。此外還需統計該時段的訂貨數量，以安排調貨、分配出貨流程及數量。退貨數據處理也在此階段處理。另外業務部門需要制定報價計算方式，制定客戶訂購最小批量、訂貨方式或訂購結帳截止日。

步驟三　向廠商直接要貨

接受訂單後，配送中心需向供貨廠商訂購或向製造廠商直接要貨，這包括商品數量需求統計、對供貨廠商查詢交易條件，然後根據所需數量及供貨廠商提供的訂購批量提出採購單或出廠提貨單。採購單發出後則進行入庫進貨的跟催階段。開出採購單或出廠提貨單後，入庫進貨管理員即可根據採購單上預定入庫日期進行入庫作業調度、入庫月台調度，在商品入庫當日，進行入庫資料查核、入庫品質檢驗，當品質或數量不符時立即進行適當修正或處理，並輸入入庫數據。

步驟四　按指定方式卸貨及託盤堆疊

對於退回商品的入庫還需經過質檢、分類處理，然後登記入庫。商品入庫後有兩種作業方式，一為商品入庫上架，等候出庫需求時再出貨。另一種方式是直接出庫，此時管理人員需按照出貨需求，

將商品送往指定的出貨碼頭或暫時存放地點。

步驟五 庫存管理作業

庫存管理作業包括倉庫區管理及庫存控制。倉庫區管理包括商品在倉庫區域內擺放方式、區域大小、區域分佈等規劃；商品進出倉庫的控制遵循先進先出或後進先出的原則；進出貨方式的制定；商品所需搬運工具、搬運方式；倉儲區貨位的調整及變動。

步驟六 庫存控制

庫存控制則需按照商品出庫數量、入庫所需時間等來制定採購數量及採購時間，並做採購時間預警系統。制定庫存盤點方法，定期負責列印盤點清單，並根據盤點清單內容清查庫存數、修正庫存帳目並製作盤盈、盤虧報表。倉庫區的管理還包括包裝容器使用與包裝容器保管維修。

步驟七 補貨及揀貨作業

為了滿足客戶對商品不同種類、不同規格、不同品質的需求，配送中心必須有效分揀貨物，並計劃理貨。統計客戶訂單即可知道商品真正的需求量。在出庫日，當庫存數滿足出貨需求量時，即可根據需求數量列印出庫揀貨單及各項揀貨指示，進行揀貨區域的規劃佈置、工具選用及人員調派。出貨揀取不只包括揀取作業，還需補充揀貨架上商品，使揀貨不至於缺貨，這包括補貨量及補貨時間地點的制定、補貨作業調度、補貨作業人員調派。

步驟八　流通加工作業

配送中心的各項作業中流通加工最易提高商品的附加價值。流通加工作業包括商品的分類、過磅、拆箱重包裝、貼標籤及商品組合包裝。這就需要進行包裝材料及包裝容器的管理、組合包裝規劃的制定、流通加工包裝工具的選用、流通加工作業的調度、作業人員的調派。

步驟九　出貨作業處理

完成商品揀取及流通加工作業後，就可以進行商品出貨作業。出貨作業包括根據客戶訂單為客戶列印出貨單據，制定出貨調度，列印出貨批次報表、出貨商品上所需地址標籤及出貨核對表。由調度人員決定集貨方式、選用集貨工具、調派集貨作業人員，並決定運輸車輛大小與數量。由倉庫管理人員或出貨管理人員決定出貨區域的規劃佈置及出貨商品的擺放方式。

步驟十　配送作業

配送作業包括商品裝車並進行實際配送，完成這些作業需要事先規劃配送區域，安排配送路線，由配送路線選用的先後次序來決定商品裝車順序，並在商品配送途中進行商品跟蹤、控制及配送途中意外狀況的處理。

步驟十一　會計作業

商品出庫後銷售部門可根據出貨數據製作應收帳單，並將帳單轉入會計部門作為收款憑據。商品入庫後，則由收貨部門製作入庫

商品統計表，以作為供貨廠商催款稽核之用，並由會計部門製作各項財務報表，供經營績效考核和策略制定的參考。

步驟十二　績效管理

高層管理人員要通過各種考核評估來實現配送中心的效率管理，並制定經營決策及方針。而經營管理和績效管理則要求為各個工作人員或中層管理人員提供各種資訊與報表，包括出貨銷售統計數據、客戶對配送服務的反應報告、配送商品次數及所需時間報告、配送商品的失誤率、倉庫缺貨率分析、庫存損失率報告、機器設備損壞及維修報告、燃料耗材等使用量分析、外僱人員、機器、設備成本分析、退貨商品統計報表、人力使用率分析等。

26 商品入庫控制流程

對入庫物品均需快速、準確地查驗其相關票據、數量、品質等一系列指標，嚴格執行商品入庫控制流程。

步驟一　憑證審核

進入企業的物品一般都附有裝箱卑、貨運單或交貨通知單，在這些憑證上都標有合約編號、物品數量和物品編號，將它們與訂購單副本加以比較就可以發現是否一致。憑證審核主要內容包括：

⑴檢查入庫物品是否有明顯外表品質問題。如果發現有外表缺

陷,應決定是退貨還是作進一步檢驗。計劃安排較緊的物品如在這時退貨可能會導致生產中斷,因此較妥當的處理辦法是將物品暫時收下,用其中的無缺陷零件供應生產。

⑵對入庫物品用伴隨憑證加以確認。如果發現有問題,應當及時與採購部門和生產部門聯繫,並採取措施。

⑶檢查是否存有訂購單副本,如果找不到副本,也可能是一次電話緊急訂貨。

步驟二 數量檢驗

憑證審核之後進行的數量檢驗主要包括如下項目:

⑴實際交貨數量與交貨通知單上的數量比較;

⑵實際交貨數量與訂購單副本上的數量比較;

⑶實際交貨數量與生產作業計劃中的需要量比較。

通過上述比較可能會出現下列結果:

⑴多交。交貨過多的原因可以追溯到訂購過程的每一個環節。例如供應商將交貨時間不同的訂貨合併發貨,但伴隨憑證上只寫了第一筆訂貨的合約編號。如果是緊急訂貨,可能暫時缺少訂購單副本,也未記入訂購記錄本。也可能是企業的某個部門擅自訂購,這時要核對交貨就困難了。

⑵欠交。如果不是運輸損耗,那麼多數是供應商的疏忽,這時可通過協商解決。

如果出現欠交或遲交的情況,物品管理部門不得自行處理,因為它有可能會影響生產的正常進行。

步驟三　時間檢驗

交貨期檢驗是進行有效的計劃與控制的前提，主要內容有：

⑴實際交貨日期與訂購單中的交貨期比較；

⑵自製時進行完工日期與計劃日期比較。

由於倉庫記錄中的數據直接用來制訂生產作業計劃和進行生產控制，所以應注意物品的及時入帳，否則，儘管倉庫裏有材料，也難以避免將某些加工任務推遲。

如果供應商提早交貨，可能會使庫存上升，佔用貨位。有時供應商為了降低他們的存儲費用，未經企業採購部門認可便提早分批發貨，如果確屬交貨過早，應予以退回。

步驟四　品質檢驗

物品在入庫前進行品質檢驗可以確保其滿足產品生產的要求，品質檢驗是物品檢驗的最重要的部份。可以說，經過原料的品質檢驗基本上決定了產品的品質水準。

原則上，所有從企業外部購入的物品都應該進行品質檢驗，以便及早發現不良產品和避免在生產中產生廢品。檢驗一般按如下步驟進行：

⑴確定必要的檢驗項目及其檢驗方法。

⑵準備檢驗資料。主要包括檢驗方式、檢驗允許誤差、檢驗持續時間和抽樣方法。

⑶記錄檢驗結果。檢驗結果一般整理成圖表，為了對差異進行精確而實際的分析，應該請供應商參與。

⑷確定所使用的標準。這通常需要與供應商共同協商確定，特

別是新的供應商或新材料。

步驟五　票據審核

票據審核即將供應商的票據與合約確認書、訂購單、物品伴隨憑證和檢驗報告進行比較。票據審核分為業務審核、價格審核和會計審核三個方面。

根據訂購的憑證材料可以檢查票據正確與否，特別是訂購數與實際交貨數是否有差異。如果差異超出規定範圍或貿易慣例中的正常範圍，就應作出反應。可能出現的問題主要有：

· 根據票據查不到相應的交貨；

· 多交或欠交；

· 供應商分批發貨，票據卻開在一起。

在實際中，業務審核多數是由採購部門負責完成的，會計審核則是會計部門的任務。業務審核的主要目的是監督供應商，它可以通過下列提問進行：

· 該批交貨是否有訂購單為依據？

· 該項需求是否在採購計劃內？

· 需求報告是否完整？

· 供應商是否自行作過更改？

· 約定的交貨條件和交貨日期是否違背了採購條例？

對採購部門在採購中能夠接受的價格進行審核往往是行不通的。如果不對市場價格進行調查分析，就難以決定供應商的價格在多大程度上可以接受。特別在人工審核的條件下，審核的費用很高。一個票據審核員必須針對下列問題進行分析：

· 是否存在一個市場價格，它與面前的價格有多大差異？

・是否至少有三份供貨單？

・某供應商的交貨需優先處理的原因何在？

・雙方達成的條件是否反映在票據上？

・是否有某採購員偏向某供應商而接受了高於市場價的價格？

會計審核主要審核金額匯總是否正確或票據是否有重覆。由於票據是付款的依據，所以票據審核時還要核對一下，訂購時約定的條件與票據數據是否一致。

會計審核的另一任務是計算物品的實際購入價格，也就是說，將運費從每項物品中扣除，以便將物品成本和運費分別入帳。將每項物品計價、匯總是一項每繁瑣的工作，在很多企業中已不再由人工完成，因為用機器開票據既快速又準確。

步驟六　入庫

上述作業進行完畢之後，接著就是入庫，入庫有兩種處理方式：立即入庫或上架入庫。

對於立即入庫的狀況，入庫系統需具備待出庫數據查詢並連接派車計劃及出貨配送系統，當入庫數據輸入後即訪問訂單數據庫取出該物品待出貨數據，將此數據轉入出貨配送數據庫，並修正庫存可調用量。

採用上架入庫再出庫的話，入庫系統需具備貨位指定功能或貨位管理功能。貨位指定功能是指當入庫數據輸入時即啟動貨位指定系統，由貨位數據庫、產品明細數據庫來計算入庫物品所需貨位大小，根據物品特性及貨位儲存現狀來指定最佳貨位，貨位的判斷可根據諸如最短搬運距離、最佳儲運分類等法則來選用。

貨位管理系統則主要完成物品貨位登記、物品跟蹤並提供現行

使用貨位報表、空貨位報表等作為貨位分配的參考。也可以不使用貨位指示系統，由人工先行將物品入庫，然後將儲存位置登入貨位數據庫，以便物品出庫及物品跟蹤。貨位跟蹤時可將物品編碼或入庫編碼輸入貨位數據庫來查詢物品所在貨位，輸出的報表包括貨位指示單、物品貨位報表、可用貨位報表、各時間段入庫一覽表、入庫統計數據等。

貨位指定系統還需具備人工作業的功能，以方便倉管人員調整貨位，還能根據多個特性查詢入庫數據。

採購物品入庫後，採購數據即由採購數據庫轉入應付帳款數據庫，會計管理人員為供貨廠商開立票據及催款單時即可調用此系統，按供貨廠商做應付帳款統計表作為金額核准之用。帳款支付後可由會計人員將付款數據登錄，更改應付帳款文件內容。高層主管人員可由此系統製作應付帳款一覽表、應付帳款、已付款統計報表等。物品入庫後系統可用隨即過帳的功能，使物品隨入庫變化進入總帳。

心得欄

27 商品調入管理

　　商品調撥是發生在零售企業內部的一種商品流轉方式，它是將商品從一個倉庫（或者賣場）調轉到另一倉庫（或者賣場）儲存，並保持轉出與轉入的成本單價不變，只改變存儲方式和空間位置，分為進貨、出貨和返庫。

步驟一　直營店貨品調入管理

　　直營店的貨品一般根據銷售情況，從總部的倉儲配送中心統一調貨。

　　(1)物流配送人員持公司直營部或經銷商下達的調撥單據及貨品到達店鋪，通知店鋪接收貨品。

　　(2)店長或代班店員組織人力按貨品調撥要求相關內容進行核對貨品數量等。

　　(3)經店鋪員工按貨號清點數量無誤後，參加清點人員在調撥單據上簽字確認。

　　(4)物流人員離店後，店長分工到人，在保障店鋪日常營業的狀態上，組織人力對貨品進行仔細認真的檢驗。具體檢驗方法為：檢驗標籤、包裝是否完好，是否有破損、髒汙。

　　(5)檢驗後如發現有差異，按公司規定時間內，上報到公司或相關人員處，進行及時的處理及調配。

　　(6)物流送、取貨人員和店長在貨品進店的交接表上簽字確認。

步驟二　團購類商品調入

(1)店鋪接到團購業務時，店長在與顧客確定好了商品的具體貨號、尺碼、數量後，立即與上級主管或經銷商聯繫，請其協助組織貨品，並下發所需商品調撥單。

(2)物流配送人員持公司直營部或經銷商下達的調撥單據及貨品到達店鋪，通知店鋪接收貨品。

(3)店長或代班店員組織人力按貨品調撥要求相關內容進行核對貨品數量等。

(4)經店鋪員工按貨號清點數量無誤後，參加清點人員在調撥單據上簽字確認。

(5)物流人員離店後，店長分工到人，在保障店鋪日常營業的狀態上，組織人力對貨品進行仔細認真的檢驗。具體檢驗方法為：檢驗標籤、包裝是否完好，是否有破損、髒汙。

(6)檢驗後如發現有差異，按公司規定時間內，上報到公司或相關人員處，進行及時的處理及調配。

(7)團購商品是顧客已經交訂金後預留的商品，所以要保證貨品調撥的準確及進店裏的保管。統一放在一處管理。

(8)物流送取貨人員和店長在貨品進店的交接表上簽字確認。

步驟三　促銷品調入

(1)促銷活動前，物流部按照促銷及贈品調撥單，將促銷貨品與贈品送到店鋪。

(2)調入店要求檢驗標籤、包裝是否完好，是否有破損、髒汙。

(3)店鋪按照贈品調撥單，驗收贈品，並計人贈品帳目中。

(4)物流送取貨人員和店長在貨品進店的交接表上簽字確認。

28 商品調出管理

　　任何商品調出店鋪，必須由調出店店長組織相關人員，按調撥單內容，在規定時間配出貨品，並對商品進行逐件檢驗、裝箱及出庫單據的填寫與列印。

步驟一　店鋪之間調出

　　(1)驗收明細。調出商品的實數、款號、顏色號、尺碼號是否與出庫單各項內容相符。

　　(2)檢驗。調出貨品需標籤及附件齊全、標籤與實物相符，保證每件商品均疊回原樣，放在包裝袋內，以免褶皺。包裝袋必須封好，以免貨品外露在包裝袋外，出現髒汙。

　　(3)調撥票據一式三聯，店鋪確認無誤後由當值店長或店鋪負責人、收銀員、庫管等兩人以上簽字確認。

步驟二　團購類商品調出

　　(1)調出店必須嚴格遵守商品調撥制度，按照相關調配人員下達的調撥通知單進行配貨，問題商品不允許調出店鋪。

　　(2)檢驗明細：調出商品的實數與調撥單相符，調出商品的款號、顏色號、尺碼號必須與調撥單之所述相符。

⑶遇特殊情況，經營運部相關人員批准，可由調出店員工將商品送達調入店。

⑷物流送貨人員和店長在貨品進店交接表上簽字確認。

步驟三 促銷品贈品調出

⑴促銷結束後，按公司或經銷商的調撥單將剩餘貨品及贈品調出時，店長組織人力根據調撥單進行配貨及檢查核實工作。

⑵貨品調撥時，應該注意將促銷品及贈品折疊並放入包裝袋中，整齊有序地放進箱子。

⑶物流送貨人員和店長在貨品進店交接表上簽字確認。

⑷全部調撥指令應是從公司直營部或是經銷商指定人員處下達書面通知，不許個人或是店鋪間私自進行貨品調撥。調撥貨品時嚴格遵守調撥單上的內容及時間要求，數量和貨號必需相符，如調撥時貨品已經有銷售發生，應按調出店實際庫存調撥。數量上的變化要及時由店長通知督導或是經銷商，並在調撥單和物流取貨人員交接的單據上註明數量不符的說明。

⑸所有貨品進出店，都要在包裝箱上註明調出店及調入店的名稱、箱數、箱號、箱裏的數量等資訊，以方便物流人員按店名和數量與接收方清點。

29 商品調貨的管理流程

　　商品調貨重在及時、安全，調出方與調入方都要依據相關單據執行，進行書面交接，同時確保調貨運輸途中貨物的安全。

　　1. 分公司（經營部、辦事處）之間互調產品以總部或地區計調管理人員下達的調撥指令為準，並按照計調管理人員要求具體組織實施。

　　2. 調出方自接到書面通知之日起，負責所調貨物於 1~3 日內發出（汽車 1 日、火車 3 日），憑車廂號或汽車號為準，調出方必須保證貨物為未開箱產品。

　　3. 選用鐵路運輸方式，必須寫清到站、收貨部門、位址、電話、貨物品種規格、數量、投保情況以及收貨方是否要人專用線。

　　4. 選用公路運輸方式，必須選擇資信良好的公司，簽定運輸協議，並在承運前將司機行駛證、駕駛證、身份證複印留底，將所承運的貨物規格、數量、價值填寫明確，一式兩份，雙方共同簽名認可，並投保貨物運輸保險。

　　5. 貨物一經發出，將發出貨物的規格、數量、車廂號碼（車牌號碼）傳真或電報通告收貨部門，同時將調貨單寄出，以便對方憑據核實、收貨。

　　6. 收貨部門接到通知後，應諮詢貨物預計到達時間，貨物到達後，按發貨方提供的規格、數量、金額核對貨物。

　　7. 如發現貨物短缺、損壞或貨物丟失，要及時查明原因，如屬

於運輸部門責任，請運輸部門出具卸車記錄；如屬於發貨方責任的，核實發貨規格、數量、破損或短缺情況、通知發貨方同時報告處理。

8.計調管理人員必須負責銜接好貨物發、收工作，做到收、發憑據齊全。

9.財務結算手續：收發雙方辦妥調撥手續後，將調撥單寄交財務部，由財務部核查並調整分公司（經營部、辦事處）庫存記錄。

30 商品的補貨步驟

步驟一　確定補貨商品

由於陳列在貨架上的商品會不斷地被顧客買走。因此，促銷員在賣場巡視過程中，要及時發現、統計待補貨架，確定需補充的商品。

步驟二　領取貨物

促銷員應及時到內倉或貨場內存貨區等商品存放的地方取貨。促銷員從內倉取貨應注意檢查商品品質並辦理相應領貨手續，在一些大型超市，領貨可能直接與送貨人員接觸。促銷員應協助或直接承擔接貨驗收工作任務，這項任務責任重大，必須認真仔細，確保準確無誤不出差錯。因為一旦貨物交接工作完成，負責按貨驗收商品的促銷員就應對商品負完全責任。

步驟三 商品處理

在上架前要對商品進行處理，具體如表所示。

商品處理

序號	類別	具體內容	備註
1	箱、布、塑膠等包裝的五金、百貨、紡織、食品等商品	開箱、拆包、核對數量 按其銷售規律和經營習慣，將商品拆解成最小銷售單位	
2	生鮮、促銷等需操作打理商品	分類、加工、捆綁、加防盜扣	
3	有保質期限要求的各類食品、用品	檢查商品品質，包括保質期、條碼、外包裝是否乾淨、整潔等	凡是屬於臨近保質期的各類食品、用品，一律挑出，另行處理
4	需分裝商品	根據情況和商品內容，按整數重量或整數金額計量分別裝袋，以方便顧客拿取	
5	清理商品	發現有損壞、變質或弄髒、殘缺等品質問題，應將其清理出來，另行處理	

步驟四 商品標價

檢查每件即將上架的商品，注意待補商品與架上商品的價格是否完全相同，必須保證每件商品都有清楚無誤的價格顯示，並保證與標價相符。

步驟五　補貨上架

再次檢查核對欲補貨陳列的價目卡與要補上去的商品售價是否一致，應先將原有商品取下，將新貨補充到貨架後排，最後再將原有商品擺放在前排。

對冷凍食品和生鮮食品的補充要注意採取三段式控制補貨量，即上貨量的分佈應在早晨開業前上一部份貨：中午補充上一部份貨，下午營業高峰到來之前再補充一部份貨。

步驟六　補貨後期工作

①將剩餘商品重新歸位，將補貨後多出的商品封箱，改正庫存單，放回原來的庫存位置。

②垃圾處理，將拆箱後的雜物等垃圾清理出售貨區域，保持補貨區域的衛生。

③檢查通道，最後檢查通道，有無遺漏的商品、卡板、垃圾、價格標籤等其他雜物。

補貨要求

序號	要求	具體內容	備註
1	定時	在每天營業前、營業高峰到來前和商品缺貨時必須進行補貨	
2	非定時	根據具體銷售情況，及時補充貨架空位	
3	豐滿	無論是貨架、端架或促銷區都應保證商品豐滿	
4	先後順序	補貨區域的順序應為端架、堆頭、貨架 補貨品項的順序應為促銷品項、主力品項、一般品項	
5	先進先出	對食品和有保質期限制的商品必須保證銷售時間的先後順序	
6	保證品質	認真檢查商品品質	
7	位置準確	不能隨意更改陳列排面和陳列方式	
8	價簽準確、對位	檢查價格標籤是否正確，商品補貨位置必須與價格標籤所示陳列範圍對應	
9	操作現場無障礙	不堵塞通道，不影響賣場清潔，不妨礙顧客自由購物	
10	保留應有空位	當某種商品需補充又無法找到庫存時，要將其位置保留	

31 庫存單品的管理流程

　　企業進行單品管理的必要條件是建立有 POS 系統和 MIS 系統，在此基礎上按下面的流程不斷進行單品管理的主要工作。

步驟一　單品資訊整理

　　主要目的是確定和規範適於所有單品的資訊項目，為建立數據庫做準備。其中，品牌（含商標和品名）、型號（含大小、尺寸、尺碼）、部門、進價、銷價、等級、花色（含式樣、花樣、顏色）、包裝容量（含數量、重量）、生產日期、購進日期、保質期（有效期）、產地等能區分各單品的項目，這些項目的內容自商品採購時起就能準確地確定，是不變或變化很少的資訊。管理這些資訊的關鍵是要將這些資訊項目準確地歸類，確保一致性和可比性。

　　還有一類資訊是可變的，並且是綜合的，需要分解到各個單品上，這就是成本資訊，主要是物流成本資訊。不同的單品具有不同的體積、重量、物理化學性質及物流作業要求，因而具有不同的物流特性，進而會產生不同的物流成本。物流成本不同的單品，自然對企業利潤的貢獻是不同的。因此，單品的物流成本資訊對企業商品配置表的確定，對商品的採購、銷售、成本核算、物流管理等各個環節的作業決策具有很強的支持作用。

　　單品的物流成本資訊主要包括：單品購進至今所花的運輸成本、倉儲成本、裝卸成本、包裝成本、加工成本、殘損退貨成本等，

這些成本數據可以從財務部門獲得，但不是現成的，需要找出相關總費用的數據，然後準確地分攤（決不是平均分攤）給各個相關單品。將物流成本核算至單品，這是單品管理的關鍵。許多企業忽視這個問題，一些企業嫌麻煩不願面對這個問題，還有一些企業草草地應付這個問題，這都會導致單品管理的走樣。因此，企業無法真正品嘗到單品管理所能結出的豐碩果實。

步驟二　編制單品代碼

指根據一個單品一個編碼的原則給單品編碼，確保以單品代碼的唯一性實現單品的唯一性。代碼只要能做到唯一性就達到了主要目標，當然，代碼要盡可能多地包含單品的屬性，但由於代碼長度的限制，單品的屬性較多，一個代碼不能反映一切，因此，單品的屬性主要還是靠通過建立單品屬性數據庫來全面反映。

步驟三　建立兩個主要數據庫

一個數據庫是存放顧客交款時前台 POS 系統掃描錄入的單品數據的數據庫，其數據結構主要包括以下欄位：商品代碼、交易日期、交易時間、品名、數量、部門、銷售價、金額、退貨、部門、營業員等，這是任何 POS 系統都必需具備的數據庫。還有一個數據庫十分重要，但被絕大多數 MIS 系統忽視了，這個數據庫就是單品物流成本數據庫，這個數據庫主要用來核算所有單品的物流成本，其數據結構中主要包括如下欄位：商品代碼、品名、今日銷售數量、庫存數量、儲存地點、部門、進貨價、銷售價、購進日期、運輸成本、庫存成本、儲存成本、裝卸成本、包裝成本、加工成本、殘損退貨成本等。

步驟四　更新兩個主要數據庫

MIS 系統中的單品物流成本數據庫的更新比較麻煩，它要求財務部門在處理銷售人員報銷的與單品物流成本核算有關的物流成本時，就將物流成本數據庫中所要求的物流成本數據剔出來，通過「基於作業物流成本計演算法」得出來。這種方法要求被滿足顧客服務目標的活動（如購進一批商品用於銷售，購進就是一種滿足商店顧客服務目標的作業）來計算這種作業的物流成本。每批商品的每種物流作業的成本都被分攤到每個單品中，這樣任一單品的物流總成本就可以計算出來，如下表所示。

基於作業的物流成本計算示例表

項目 流程	運輸 成本	庫存 成本	倉儲 成本	裝卸 成本	各批商品的 總物流成本
第一批商品的 物流成本	90	80	20	80	270
第二批商品的 物流成本	40	60	100	20	220
第三批商品的 物流成本	60	20	50	70	200
每次作業成本	190	160	170	170	690

值得注意的是，成本的分攤是根據單品實際發生的成本進行分攤，有物流成本發生就分攤，因而不是平均分攤。每日用分攤的成本數據更新物流成本數據庫，就可為決策提供非常有用的數據。所以，計算和分攤物流成本的過程十分重要。

步驟五　單品獲利大小列序

有了以上兩個數據庫，就可以初步計算每個單品扣除主要物流成本及進價後的獲利大小了。當然，這裏沒有考慮諸如管理費、折舊費、稅金等一些按單品平均分攤的成本，這些成本對單品的獲利性排隊影響不大。計算獲利性的公式為：

單品的獲利大小＝單品的銷售價－進價－運輸成本

－庫存成本－倉儲成本－裝卸成本

－包裝成本－加工成本－殘損退貨成本

將當日銷售的所有商品按單品作以上計算後，再按獲利大小排隊。

這個結果可以告訴經營管理人員賣何種商品最賺錢，為使單品獲利最大應減少那些物流成本等等，這是最有價值的決策支援資訊。

步驟六　單品銷售量排隊

這是目前進行單品管理的大多數企業正在進行的工作，即統計每日每單品的銷售量。銷售量的大小是非常重要的資訊，進行單品管理不能缺少這一指標，但只衡量這一指標顯然缺乏全面性，因為某個單品賣得好、賣得多，並不能表明就一定利潤高。一批商品從採購開始到最後銷售完、或是壞掉、或是被偷掉、或是被處理掉、或是連處理也處理不掉，其物流費用是極不相同的。賣得多並不是企業的目標，利潤高、賺得多才是企業的目標。

步驟七　發現變化規律和趨勢

對上述兩個排隊結果進行比較，並與只考慮銷售量的方法進行

對比，會發現一些規律：

按獲利性和銷售量來分析

· 有些單品獲利大且銷售量也大；

· 有些單品獲利大但銷售量不大或很小；

· 有些單品獲利小銷售量不大或也小；

· 有些單品獲利小但銷售量很大。

按銷售量來分析：

· 有些單品銷售量大；

· 有些單品銷售量不大；

· 有些單品銷售量很小。

步驟八　實施重點管理

　　單品管理的目標之一就是發現重點單品對其進行重點管理。根據上述可以明顯地看出，那些獲利大且銷售量也大的單品才是真正的重點，應實施採購、重點銷售、重點控制其物流成本等等。當然，有些單品獲利小但銷售量大，也應作為管理的重點。對於既不獲利又賣不動的單品，應及早處理才對。以上辦法還可以和 ABC 分析法、保本保利分析法等結合起來使用，效果更佳。

32 商品退貨管理流程

面對退回的商品，首先要清點數量與查驗品質，然後再會同倉庫、財務、生產等相關部門辦理退貨手續，進入退貨管理流程。

步驟一 退貨作業流程

銷售部門接獲客戶所傳達的銷貨退回資訊時，應儘快地將銷貨退回資訊通知品質管理及市場部門，並主動會同品質管理部門人員確認退貨的原因。客戶退貨原因明顯為公司的責任（例如：料號不符、包裝損壞、產品品質不良等）時，應迅速根據退貨資料及初步確認結果受理退貨，不得壓件不處理。

若銷貨退回之責任為客戶時，則銷售及品質管理部門人員應向客戶說明判定的依據、原委及處理方式。如果客戶接受，則請客戶取消退貨要求，並將客戶銷退的相關資料由品質管理部門儲存管理。如果客戶仍堅持退貨時，銷售、品質管理部門人員須委婉向客戶說明，如客戶仍無法接受時，再會同市場部門做進一步協商，以「降低公司損失至最小，且不損及客戶關係」為處理原則處理。

⑴銷售部門應主動告知客戶有關銷貨退回的受理相關資料，並主動協助客戶將貨品退回銷售部門。

⑵退回的貨品需經由銷售部門初步核對數量與銷貨退回單收貨倉庫後，由物管部門入庫。

⑶客戶退貨的不良品退回倉庫時，物管部門應清點數量是否與

「銷貨退回單」標示相符,並將退貨的不良品以「拒收標籤」標示後,隔離存放,並通知品質管理部門確認退貨品的品質狀況。

⑷若該批退貨品經銷售部門與客戶協商需補貨時,則會同相關部門迅速擬定補交貨計劃,以提供相同料號、數量的良品給客戶,避免造成客戶停線,而影響客戶權益。

⑸如果客戶有及時生產的迫切需求時,銷售部門得依據客戶的書面需求或電話記錄主管同意後,由物管部門安排良品更換,不得私下換貨。

⑹品質管理部門確認銷貨退回品的品質狀況後應通知物管部門,安排責任部門進行重工、挑選、降級使用或報廢方式處理,使公司減少庫存(呆滯品)的壓力。

⑺責任部門應確實進行返工或挑選以確保不良品不會再流入客戶生產線上,並於重新加工、挑選後向品質管理部門申請庫存重驗。

⑻品質管理部門需依據出貨「抽樣計劃」加嚴檢驗方式重驗其品質,如為合格產品可經由合格標示後重新安排到良品倉庫內儲存,並視客戶需求再出貨,凡未經品質管理確認的物品一律不得出貨。

⑼銷貨退回的款及登錄管理由財務(會計)部門依據銷貨退回單辦理扣款作業。

⑽品質管理部門應繼續追蹤銷貨退回之處理及成效,並將追查結果予以記錄。

⑾品質管理部門應回饋客戶抱怨銷貨退回處理狀況給工程標準處及相關部門存查,作為改善及查核參考。

步驟二　退貨的清點

接到客戶退貨，首先有必要去查點數量與品質，確認所退貨的種類、項目、名稱是否與客戶發貨單記載相同。首先，數量是否正確。例如 1 盒與 1 箱，雖只差一字，因一箱有 24 盒，故實際上而言，數量相差 24 倍之多。其次確定退貨物品有無損傷，是否為商品的正常狀態。有時，因是「不良品」而遭退貨，廠商受理退貨後就要加以維修。清點後，倉庫的庫存量要迅速加以修正調整，而且要儘快製作退貨受理報告書，以作為商品入庫和沖消銷貨額、應收帳款的基礎資料。此流程若不及時實施，「應收帳款餘額」與「存貨額餘」在帳面上都不會正確，造成財務困擾。

步驟三　退貨的會計流程

當客戶將商品退貨時，企業內部必須有一套管理流程，運用表格式的管理制度，以多聯式「驗收單」在各部門流動，對客戶所退的商品加以控制，並在帳款管理上加以調整。牽涉到的部門，分別有「商品驗收的部門」、「信用部門」、「開單部門」、「編制應收帳款明細帳的部門」、「編制總帳的部門」。若公司人員少，部門不多，可將上述「部門」工作加以歸納到相關部門的工作職責上。下為某飲料公司對於「商品退貨」的管理流程：

⑴客戶退回貨品後，送至驗收部門。驗收部門於驗收完畢後，填制驗收單二聯，第一聯送交信用部門核准銷貨退回，第二聯依驗收單號碼順序存檔。

⑵信用部門於收到驗收單後，依驗收部門之報告核准銷貨退回，並在驗收單上簽名核准，以示負責；同時將核准後驗收單送至

開單部門。

⑶開單部門接到信用部門轉來的驗收單後，編制貸項通知單一式三份，第一聯連同核後驗收單，送至應收帳款明細帳，貸記應收帳款。第二聯通知客戶銷貨退回已核准並帳。第三聯依貸項通知單號碼順序存檔。

⑷會計部門收到開單部轉來的貸項通知單第一聯，驗收單核後，核對其正確無誤後，於應收帳款明細帳」貸入客戶明細，並將貸項通知單及核准後驗收單存檔。

⑸每月月底總帳人員由開單部門取出存檔的貸項通知單，核對其編號順序無誤後，加總一筆後入總分類帳。

步驟四　管理經銷商的理賠退返

對於發生批量品質問題產品，公司要退換貨，具體流程如下：

⑴銷售人員在執行銷售合約過程中，統一給予經銷商某一額度的理賠費用（或補償金）。

⑵分公司（經營部、辦事處）對經銷商退返故障機作修復處理，修復後返還經銷商，原則上不予更換，不予退貨。

⑶分公司（經營部、辦事處）接收經銷商退返故障貨品後，組織服務人員立即對其進行開箱檢驗，並在「接收清單」上詳細記錄檢驗結果。分公司（經營部、辦事處）與經銷商代表在「接收清單」上簽字確認後，由經銷商留存「接收清單」商家保管聯的提貨憑證。

⑷對保修期內故障貨品予以免費維修，不收維修費和故障元件費；三年保修期外的故障貨品，按公司標準規定收取維修費和元件費用；所有非生產質問題引起的損壞以及附件（如接線、遙控器等）遺失，材料、配件補充費用由經銷商承擔。

⑸故障貨品修復後，經銷商憑「接收清單」保管聯提回商品，經銷商在備註欄註明「已歸還」並簽名。

⑹經銷商提回商品時，分公司（經營部、辦事處）須計算出經銷商應付修理費用，並列出清單，由經銷商支付費用。

⑺銷售部會同市場部、財務部及生產部門審批，經有效審批人簽名和財務核實退換貨商品、價格，回覆有關部門執行。

⑻倉管人員憑已審批同意的「商品退換貨申請表」，按規定填寫貨物驗收入庫手續，同時填寫「商品退換貨驗收情況表」。

⑼凡未經公司有效審批人員審批，分公司（經營部、辦事處）擅自辦理退換貨手續者，按退換貨金額的 50%扣罰地區財務人員，10%扣罰分公司經理（經營部、辦事處主任）。

步驟五　退貨管理規定

1.運輸

物料管理部門接到業務部門送達的「成品退貨單」應先審查有無註明依據及處理說明，若沒有應將「成品退貨單」退回業務部門補充，若有則依「成品退貨單」上的客戶名稱及承運地址聯絡承運商運回。

2.退貨驗收

⑴退貨品運回工廠後，倉儲部門應會同有關人員確認退回的成品異常原因是否正確，若確屬事實，應將實退數量填註於「成品退貨單」上，並經點收人員、品質管理人員簽章後，第一聯存於會計，第二聯送收貨部門存，第三聯由承運人攜回依此申請費用，第四聯送業務部向客戶取回原票據或銷貨證明書。

⑵物料管理部門收到尚無「成品退貨單」的退貨品時，應立即

聯絡業務部門主管確認無誤後先暫予保管，等收到「成品退貨單」後再依前款規定辦理。

3.退貨處理

退貨品的處理方式確需重處理者，物料管理部門應督促處理部門領回處理。

4.退貨更正

(1)若退回成品與「退貨單」記載的退貨品不符時，物料管理部門應暫予保管（不入庫），同時於「成品退貨單」填註實收情況後，第三聯由運輸公司攜回依此申請運費，第二聯送回業務部門處理，第一聯暫存倉運科依此督促。

(2)業務部門查驗退貨品確屬無誤時，應依實退情況更正「退貨單」送物料管理部門辦理銷案。

(3)若退貨品系屬誤退時，業務部門應於原開「退貨單」第四聯註明「退貨品不符」後，送回物料管理部門據以辦理退回客戶，將其交運作業按有關的規定辦理，並在「成品交運單」註明「退換貨不入帳」，本項退回的運費應由客戶負擔。

33 物料配送作業流程

完善的備貨、細心的分揀、配裝、送達過程的順暢都是保證物料配送完好的必要前提。

步驟一　備貨

備貨是配送的準備工作，包括籌集貨源、訂貨、集貨、進貨及有關的品質檢查、結算、交接等。備貨是決定配送成敗的初期工作，如果備貨成本太高，就會大大降低配貨的效益。

步驟二　儲存

儲存有儲備及暫存兩種形態。儲備是按一定時期的配送經營要求，形成對配送資源的保證，可以有計劃地確定週轉儲備及保險儲備結構及數量。

暫存是具體執行配送時，按分揀配貨要求，在貨場地所做的少量儲存準備，這部份暫存數量只會對工作方便與否造成影響，而不會影響儲存的總效益。

步驟三　分揀及配貨

分揀及配貨是配送不同於其他物流形式的有特點的功能要素，是完善送貨、支持送貨準備工作，是不同配送企業進行競爭和提高自身效益的必然延伸。因此，分揀及配貨是決定整個配送系統水準

的關鍵要素。

步驟四　配裝

在單個用戶配送數量不能達到車輛的有效載運負荷時，就存在如何集中不同用戶的配送貨物，進行搭配裝載以充分利用運能、運力的問題。配裝送貨可以大大提高送貨水準及降低送貨成本，配裝也是配送系統中有現代特點的功能要素。

步驟五　配送運輸

配送運輸是較短距離、較小規模、頻度較高的運輸形式，一般使用汽車做運輸工具。在運輸路線選擇上，由於一般城市的交通路線較為複雜，如何組合成最佳路線，如何使配裝和路線有效的搭配，是配送運輸的特點，也是難度較大的工作。

步驟六　送達服務

配好的貨運輸到用戶還不算配送工作的完結，這是因為送達貨和用戶接貨往往還會出現不協調。因此，要圓滿地實現運到之貨的移交，有效地、方便地處理相關手續並完成結算，還應注意卸貨地點、卸貨方式等。

步驟七　配送加工

在配送過程中，配送加工這一功能要素不具有普遍性，但往往是有重要作用的功能要素。通過配送加工，可以大大提高用戶的滿意程度。

34 商品配送操作流程

從接受訂單到加工生產、成品出貨,到最後的商品配送至客戶手中,整個環節中最後一環仍然不可忽視。

步驟一 進行訂單處理作業

配送發揮其功用始於客戶對銷售部門的詢價、報價,然後經過銷售合約協商,接收訂單,查詢企業出貨日該商品項的庫存狀況、裝卸貨能力、流通加工負荷、包裝能力、配送負荷等,最終設計出滿足客戶對配送日期、配送安排需求的配送操作方案。

步驟二 進行協調作業

協調作業即對產生缺貨或配送能力的限制導致無法按要求交貨的事件進行協調。

由於企業配送作業最主要的目的是按照客戶的訂單要求適時地配貨與交貨,所以配送作業應統計企業各個時段的訂貨數量,根據科學的運籌方法,安排調貨、分配出貨程序和數量,制定客戶訂購的最小批量、訂貨方式或訂購結帳截止日等,並根據企業配送資源的運力情況,及時採取措施對無法按要求向客戶交貨的事件進行協調,適時解決突發事件。

步驟三　發出提貨單

根據所需數量向倉儲部門或生產部門發出提貨單。

企業的配送作業應依據銷售部門所接的訂單合約來安排配送運力與配載計劃，每週或每半週對商品數量需求進行統計，根據所需要數量向倉庫部門或生產部門發出提貨單，然後對商品進入配送中心倉庫的入庫進行進貨管理，根據入庫作業、入庫月台調度，在商品入庫當日，就將入庫資料輸入數據庫，並及時檢驗。

步驟四　安排人員工作

根據商品的配送需要，將入貨作業劃分為商品入庫上架、直接出庫兩種類型。

若是商品入庫上架（等待有出庫需求時再出貨），則入庫工作人員應根據倉庫管理系統制定的分區分類存放的安排，為商品分配一個指定的貨位；而若是商品需要直接出庫（商品一到配送中心倉庫，經過質檢與量檢後，就要直接安排配送，送至客戶），入庫工作人員就需要按照出貨需求將商品配送好，裝至指定的出貨碼頭或直接出庫暫存區，以方便商品的出貨作業。

步驟五　進行庫存管理

配送倉庫的庫存管理包括對倉庫區管理和庫存控制。配送倉庫管理人員必須對商品在倉庫區域內的擺放區域大小、區域分佈規劃等，根據企業每日或每週的配送作業安排及時地作出分配和調整，嚴格控制商品的進出倉庫，及時進行倉儲區貨位的調整和變動，確保配送倉庫的商品擺放有序，方便配送作業的快速操作。

步驟六　進行補貨和揀貨作業

為了滿足客戶訂單對不同種類、不同規模、不同數量商品的需求，企業的配送作業必須作出對配貨、配載作業的跟催，有效地分揀貨物，及時地完成對客戶訂單的配貨、配載運作，對補貨量和補貨時點進行制定、補貨作業調度與工作人員調配，從而通過對補貨、揀貨作業的適時安排，加快企業配送流程的進度，快速完成對訂單的回應。

步驟七　進行流通加工作業

在企業的配送流程中附加流通加工，可以使企業輕鬆地獲得除配送作業利潤之外的附加加工價值。在配送流程中根據企業客戶的要求，對商品的分類、稱重、拆箱重新進行符合客戶對數量級要求的包裝、貼標籤或是商品的組合包裝等流通加工，並不需要企業的配送流程做出多大的改變，就可輕鬆地使企業獲得一定的附加價值。

步驟八　根據訂單的不同要求安排配送作業

配送作業包括商品裝車並進行實際配送，為此，企業的配送部門必須事先做好配送區域的規劃安排、選擇最合理的配送路線，根據配送路線選擇的先後次序來決定企業的商品裝車順序，並在商品配送途中進行商品跟蹤、控制及配送途中意外狀況的處理。

步驟九　進行對銷售配送作業的績效管理

配送部門必須對配送的效率進行績效管理，通過對各個工作人員或中層管理人員的考核評估，規範化、標準化配送流程操作，確

保銷售配送作業的高效率和有效性。

35 配送運輸的基本作業流程

配送運輸的基本流程是：劃分基本配送區域、貨物分類配載、擬定配送順序、安排車輛、選擇路線、裝載貨物。

步驟一 劃分基本配送區域

為使整個配送有一個可遵循的基本依據，應首先將客戶所在地的具體位置作一個系統的統計，並將其作區域上的整體劃分，每一客戶被囊括在不同的基本配送區域之中，以作為下一步決策的基本參考。如，按行政區域或交通條件劃分不同的配送區域，在這一區域劃分的基礎上再作彈性調整來安排配送。

步驟二 貨物分類配載

由於配送貨物品種的特性各異，為提高配送效率，確保貨物品質，必須首先對特性差異大的貨物進行分類。在接到訂單後，將貨物依特性進行分類，以分別採取不同的配送方式和運輸工具，如：按冷凍食品、速凍食品、散裝貨物、箱裝貨物等分類配載。其次，配送貨物也有輕重緩急之分，必須初步確定那些貨物可配於同一輛車，那些貨物不能配於同一輛車，以做好車輛的初步配裝工作。

步驟三　暫定配送先後順序

在考慮其他影響因素，做出最終的配送方案前，應先根據客戶訂單要求的送貨時間將配送的先後作業次序作一次概括的預計，為後面車輛積載做好準備工作。計劃工作的目的，是為了保證達到既定的目標，所以，預先確定基本配送順序既可以有效地保證送貨時間，又可以盡可能提高運作效率。

步驟四　安排配送車輛

車輛安排要解決的問題是安排什麼類型、噸位的配送車輛進行最後的送貨。一般企業擁有的車型有限，車輛數量亦有限，當本企業車輛無法滿足要求時，可使用外僱車輛。在保證配送運輸品質的前提下，是組建自營車隊，還是以外僱車為主，則須視經營成本而定。但無論自有車輛還是外僱車輛，都必須事先掌握有那些車輛可供調派並符合要求，即這些車輛的容量和額定載貨是否滿足要求；其次，安排車輛之前，還必須分析訂單上貨物的資訊，如：體積、品質、數量等。對於裝卸的特別要求等，應綜合考慮各方面因素的影響，作出最合適的車輛安排。

步驟五　選擇配送路線

知道了每輛車負責配送的具體客戶後，如何以最快的速度完成對這些貨物的配送，即如何選擇配送距離短、配送時間短、配送成本低的路線，這需根據客戶的具體位置、沿途的交通情況等作出優先選擇和判斷。除此之外，還必須考慮有些客戶或其所在地點環境對送貨時間、車型等方面的特殊要求，如有些客戶不在中午或晚上

收貨，有些道路在某高峰期實行特別的交通管制等。

步驟六　確定最終的配送順序

做好車輛安排及選擇好最佳的配送線路後，依據各車負責配送的具體客戶的先後，即可將客戶的最終配送順序加以明確的確定。

步驟七　完成車輛積載

車輛的積載問題即指如何將貨物裝車，以什麼次序上車的問題。原則上，知道了客戶的配送順序先後，只要將貨物依「後送先裝」的順序裝車即可。但有時為了有效利用空間，可能還要考慮貨物的性質（怕震、怕壓、怕撞、怕濕）、形狀、體積及品質等作出彈性調整。此外，對於貨物的裝卸方法也必須依照貨物的性質、形狀、品質、體積等來作具體決定。

36 配送車輛管理制度

步驟一　車輛的管理

1. 公司公務車的證照及稽核等事務統由管理部負責管理。配屬於營業所的車輛由主管指派專人調派，並負責維修、檢驗、清潔等。

2. 公司人員因公用車須於事前向車管專人申請調派；車管專人依重要性順序派車。不按規定辦理申請，不得派車。

3. 每車應設置「車輛行駛記錄表」，使用前應核對車輛里程表與

記錄表上前一次用車的記載是否相符。使用後應記載行駛里程、時間、地點、用途等。管理部每月抽查一次。發現記載不實、不全或未記載者應呈報主管提出批評，對不聽勸阻屢教屢犯者應給以處分，並停止其借用權利。

4. 每車設置「車輛使用記錄表」，由營業會計於每次加油及修護時記錄，以瞭解車輛受控狀況。每月初連同行駛記錄表一併轉管理部稽核。

步驟二 　車輛的使用

1. 使用人必須具有駕照。

2. 公務車不得借予非本公司人員使用。

3. 使用人於駕駛車輛前應對車輛做基本檢查（如水箱、油量、機油、煞車油、電瓶液、輪胎、外觀等），如發現故障、配件失竊或損壞等現象，應立即報告，否則最後使用人要對由此引發的後果負責。

4. 駕駛人須嚴守交通規則。

5. 駕駛人不得擅將公務車開回家，或作私用，違者受罰。經公司特許或返回時已逾晚上 9 時者例外。

6. 車輛應停放於指定位置、停車場或適當、合法位置。

任意放置車輛導致違犯交規、損毀、失竊，由駕駛人賠償損失，並予以處分。

7. 為私人目的借用公車應先填「車輛使用申請單」，註明「私用」，並經主管核准後轉管理部營業會計稽核。

8. 使用人應愛護車輛，保證機件、外觀良好，使用後並應將車輛清洗乾淨。

9.私用時若發生事故，而致違規、損毀、失竊等造成的理賠額等費用全部由私人負擔。

步驟三　車輛的保養

1.車輛維修、清洗、打蠟等，應先填「車輛使用申請單」，註明行駛里程，核准後方得送修。

2.車輛由車管專人指定保養處，特約修護廠維修，否則修護費一律不准報銷。可自行修復者，可報銷購買材料零件費用。

3.車輛於行駛途中發生故障或其他耗損急需修復或更換零件時可視實際情況需要進行修理，但無迫切需要或修理費超過 2000 元時，應與車管專人聯繫請求批示。

4.如由於駕駛人使用不當或車管專人疏於保養，而致車輛損壞或機件故障，所需的修護費，應依情節輕重，由公司與駕駛人或車管專人負擔。

步驟四　車輛的違規

1.有下列情形之一時，違反交通規則或發生事故，由駕駛人負擔，並予以記過或免職處分。

(1)無照駕駛。

(2)未經許可將車借予他人使用。

2.違反交通規則，其罰款由駕駛人負擔。

3. 各種車輛如在公務途中遇不可抗拒的車禍發生，應先急救傷患人員，向附近員警機關報案，並即與管理部及主管聯絡協助處理。如屬小事故，可自行處理後向管理部報告。

4.意外事故造成車輛損壞，在扣除保險金額後再視實際情況由

駕駛人與公司共同負擔。

5.發生交通事故後，如需向受害當事人賠償損失，經扣除保險金額後，其差額由駕駛人與公司各負擔一半。

步驟五　車輛的費用報銷

1.公務車油料及維修費以憑證實報實銷。

2.私車公用憑實證報銷。

3.公車私用：

(1) 1500CC 以內，每次行駛 30km 內，繳交公司 2 元/km；每次行駛超過 30km，1.6 元/km。

(2) 1600CC 以上，每次行駛 30km 內，繳交公司 2.2 元/km；每次行駛超過 30km，1.8 元/km。

行車記錄表

編號：

車號		引擎號			公司編號	
使用地區				使用人		
				駕駛人		
汽車使用記錄						

年		加油數量	金額	加油使用路碼表		行駛裏數	行駛積數	使用人	駕駛人
月	日			起數	止數				

配送人員出勤日報表

趟次編號： 車號： 車種：

駕駛員姓名： 助理姓名： 出車日期：

報到交貨地點	計劃時間	到達時間	離開時間	經過時間	里程數	冷凍冷藏溫度	卸貨箱數	送貨單據號碼	備註（延遲送達原因）

汽車駕駛日報表

日期： 天氣： 單位：

	車號		合計值		
	駕駛員		作業時間	本日（時）	
	運送內容			累積（時）	
作業時間	開始（時）		行駛路程	本日（公里）	
	結束（時）			累積（公里）	
	移動時間(時)				
	合計（時）				
行駛	實際（公里）		輸送噸數	本日（噸）	
	空車（公里）			累積（噸）	
	燃料（升）				
	輸送量（噸）		燃料	本日（升）	
	同乘者（姓名）			累積（升）	
	運費（元）				
收款人運費計算	收款人(姓名)		人事費用	本日（元）	
	運費（元）			累積（元）	
	人事費用(元)				
	合計（元）		支付費用	本日（元）	
	其他			累積（元）	

37 配送中心的出貨流程

　　配送中心的效益主要來自「統一進貨，統一配送」。統一進貨的主要目的是避免庫存分散，降低企業的整體庫存水準。通過降低庫存水準，可以減少庫存商品佔壓的流動資金，減少為這部份佔壓資金支付的利息和費用，降低商品滯銷壓庫的風險。統一配送的主要目的是減少送貨的交通流量，提高送貨車輛的滿載率。

步驟一　訂貨

　　無論是總部向供應商訂貨，還是連鎖店向總部或配送中心訂貨，訂貨方式可以根據訂貨簿或貨架牌進行。不管採用那種訂貨方式，都可以用條碼掃描設備將訂貨簿或貨架上的條碼輸入（這種條碼包含了商品品名、品牌、產地、規格等資訊），然後通過主機，利用網路通知供應商或配送中心自己需要訂那種貨、訂多少。運用條碼的訂貨方式比傳統的手工訂貨效率高出數倍。

步驟二　收貨

　　當配送中心收到供應商處發來的商品時，接貨員在商品包裝箱上貼一個條碼，作為該種商品對應倉庫內相應貨架的標識記錄。同時，對商品外包裝上的條碼進行掃描，將資訊傳到後台管理系統中，並使包裝箱條碼與商品條碼形成一一對應。

步驟三　入庫

商品到貨後，通過條碼輸入設備將商品基本資訊輸入電腦，告訴電腦系統那種商品要入庫、入多少。電腦系統根據預先確定的入庫規則、商品庫存數量，確定該種商品的存放位置。然後，根據商品的數量發出條碼標籤，這種條碼標籤包含著該種商品的存放位置資訊。最後，在貨箱上貼上標籤，並將其放到輸送機上，輸送機識別貨箱上的條碼後，將貨箱放在指定的庫位區。

步驟四　擺貨

在搬運商品之前，首先掃描包裝箱上的條碼，電腦就會提示將商品放到事先分配的貨位，搬運工按提示將商品運到指定的貨位後，再掃描貨位條碼，以確認所找到的貨位是否正確。

商品以託盤為單位入庫時，把到貨清單輸入電腦，就會得到按照託盤數發出的條碼標籤。將條碼貼於託盤面向堆高車的一側，堆高車前面安裝有鐳射掃描器，堆高車將託盤提起，並將其放置於電腦所指引的位置上。在各個託盤貨位上裝有感測器和發射顯示裝置、紅外線發光裝置和表明貨區的發光圖形牌。堆高車駕駛員將託盤放置好後，通過堆高車上裝有的終端裝置，將作業完成的資訊傳送到主電腦。這樣，商品的貨址資訊就存入電腦中。

步驟五　配貨

在配貨過程中，也都採用條碼管理。在傳統的物流作業中，分揀、配貨要佔去全部耗用勞動力的 60%，且容易發生差錯，而通過在分揀、配貨中應用條碼，就能使揀貨迅速、準確。

　　總部或配送中心在接受客戶的訂單後，將訂貨單匯總，並分批發出印有條碼的揀貨標籤（這種條碼包含有這件商品要發送到那個地方的資訊）。分揀人員根據電腦列印出來的揀貨單，在倉庫中進行揀貨，並在商品上貼上揀貨標籤（在商品上已有包含商品基本資訊的條碼標籤）。將揀出的商品運到自動分類機，放置於感應輸送機上。鐳射掃描器對商品上的兩種條碼自動識別，檢驗揀貨有無差錯。如無差錯，商品即分岔流向按地點分類的滑槽中。然後將不同地點的商品裝入不同的貨箱中，並在貨箱上貼上印有條碼的送貨位址卡，這種條碼包含有商品到達區域的資訊。再將貨箱送至自動分類機，在自動分類機的感應分類機上，鐳射掃描器對貨箱上貼有的條碼進行掃描，然後將貨箱送到不同的發貨區。當發現揀貨有錯時，商品將流入特定的滑槽內。

步驟六 　補貨

　　查核商品的庫存，確定是否需要進貨或者貨品是否庫存過多，同樣需要利用條碼來實現管理。另外，由於商品條碼和貨架是一一對應的，也可通過檢查貨架達到補貨的目的。

38 配送中心的包裝流程

為保證商品完整、安全地抵達客戶方，避免產生人為誤差，確保品質，建立包裝操作流程實屬必要。

步驟一 對包裝進行標準化改造

物流標準是指為實現標準化，提高物流效率，將物流系統各要素的基準尺寸體系化。其基礎就是單元貨載尺寸，即運輸車輛、倉庫、集裝箱等能夠有效利用的尺寸。單件貨載尺寸按 JIS20603 的規定，託盤以 1100×1100mm 和 1000×1200mm 為標準。採用這種運輸包裝系列尺寸，可以使貨物恰到好處地碼放在託盤上，既不致溢出，也不留有空隙。

運貨車輛的車箱規格，也最好按單元貨載尺寸的要求製造，使裝載貨物時既不致超出也不致空餘。

物流標準核心是自始至終採用託盤運輸，即從發貨至到貨後的裝卸，全部使用託盤運輸方式。為此，在物流過程中所有的設施、裝置、機具均應引進物流標準概念。

步驟二 用大型化包裝提高效率

隨著交易單位的大型化和物流過程中搬運的機械化，單個包裝亦趨大型化。如：作為工業原料的粉性貨物，使用以噸為單位的柔性容器進行包裝。大批量出售日用雜貨食品的商店因為銷售量大，

只要不是人力搬運，也無需用 20 千克的小單位包裝。包裝單位大型化可以節省勞力，降低包裝成本。

步驟三　使包裝機械化、省力化

使包裝機械化、省力化來提高效率。以往包裝主要是依靠人力作業的人海戰術，進入大量生產、消費時代以後，包裝的機械化也就應運而生。包裝機械化從逐個包裝機械化開始，直到裝箱、封口、捆紮等外包裝作業完成。此外，還有使用託盤堆碼機進行的自動單元化包裝，以及用塑膠薄膜加固託盤的包裝等。

步驟四　對包裝費用進行管理

在包裝某一商品時，一般有數種材料可供選擇，而其包裝效果也各不相同，所以包裝時一定要先對包裝材料進行經濟分析，看企業客戶對包裝的具體要求和企業自身的包裝成本降低的要求能否相吻合。在包裝效果相同的情況下，應盡可能地選用價格較低的材料，並不斷地開發新材料、採用新技術來代替質次價高的舊包裝材料。

因此，對包裝費用的管理，應在對包裝材料進行經濟分析後，再酌情選用。

步驟五　做好包裝物的回收與再利用工作

通過各種管道和方式將使用過的商品包裝和其他輔助包裝材料收集起來，由有關部門進行修復、清潔和改造、再次使用，可以相對地節約包裝材料、勞動力，節約因包裝而造成的能源、電力的消耗等，這可以使得包裝成本合理化。

39 商品包裝費用的控制流程

對於絕大多數商品,只有經過包裝才能進入流通,據某項統計,包裝費用約佔流通費用的 10%,甚至有些商品的包裝費用高達 50%,控制包裝費用有著重要的意義。

步驟一 計算包裝費用

企業物流活動中的包裝費用主要有以下幾個部份:

1.包裝材料費用

包裝材料費用指物品包裝時花費在材料上的費用。常見的包裝材料有:木材、紙、金屬、塑膠、玻璃、陶瓷等,不同的包裝材料功能不同,成本相差也很大,所以企業的包裝作業在選用不同的包裝材料時其所消耗的包裝費用也是有較大差別的。

2.包裝機械費用

包裝機械費用指物品包裝所使用的包裝機械的折舊費攤銷。包裝機械的使用,不僅可以極大地提高包裝的工作生產率,而且可大幅度地提高包裝水準。但這也需要一定的資金投入,因此就構成了包裝的機械費用,它是以折舊為主的費用攤銷形式,將費用轉移到包裝成本中。

3.包裝技術費用

包裝技術費用是指對一定的包裝技術的設計、實施所支出的費用。為避免物品流通過程中受到外界的不良影響,包裝時需要採用

一定的技術措施，如：實施緩衝包裝、防潮包裝、防霧包裝、保鮮包裝等，這些技術的設計、實施都需要一定的費用支出，這就構成了包裝費用。

4.包裝輔助費用

包裝輔助費用是指對包裝的一些輔助物品費用的支出。對商品進行包裝時，需要採用一些輔助物品，如：包裝標記、包裝的栓掛物、裝卸注意事項的標記符號等，這些輔助物品所造成的費用支出，也是包裝費用的組成部份之一。

5.包裝人工費用

包裝人工費用指對從事包裝工作的人員和其他相關人員的工資、資金、補貼、加班費等的費用總和。

步驟二　　發展機械化包裝

包裝的機械化除可提供工作生產率，從而降低包裝費用外，還可通過採用機械，減少包裝作業所需的員工總數，實現省力化，大大地縮減包裝人員的勞動工資費用。

步驟三　　實現包裝規格標準化

實現包裝規格的標準化，不僅能促進包裝工業生產規模化的發展，而且通過規模化生產能使得包裝材料的單元消耗下降，使得包裝成本得到大幅度下降。

步驟四　　採用散裝、無包裝運輸

在有條件的情況下，可採用散裝、無包裝運輸。散裝是現代物流中備受推崇的技術。所謂散裝是指在不進行包裝的情況下，對水

泥、穀物等顆粒狀或粉末狀的物品，運用專門的散裝設備（車或船）——實際上本身是一種擴大了的包裝，來實現物品運輸的一種包裝方式。散裝的包裝費用基本上可看作為零，可以極大地節省包裝費用。

40 搬運合理化的管理流程

搬運作業是生產現場的一項重要活動，是連接各項生產活動的紐帶，不論是物料搬運，還是成品搬運，都必須採用科學合理的搬運方式和方法，不斷分析改善搬運流程。

步驟一　應用單元貨載

儘量在搬運作業中應用單元貨載，大力推行使用託盤和集裝箱，推行將一定數量的貨物彙集起來，成為一個大件貨物以有利於機械搬運、運輸、保管，形成單元貨載系統。

步驟二　避免多餘的搬運作業

儘量避免多餘的搬運作業，防止和消除無效作業。因為搬運作業本身就有可能成為玷污、破損等影響物品價值的原因，所以如無必要，應儘量減少沒有物流效果的裝卸資料與裝卸作業的距離，避免二次搬運，使得物品在入庫或出庫只須經一次搬運就直接到位。這樣可以提高被裝卸物品的純度，增加包裝的輕型化、簡單化、實

用化，提高裝卸搬運作業的有效程序。

步驟三　提高易於移動的「搬運活性」

放在倉庫的物品是待運物品，應使之處在易於移動的狀態（即「搬運活性」——指在裝卸搬運作業的物品進行搬運裝卸作業的方便性）。為提高「搬運活性」，應當把它們整理歸堆，或是包裝成單件放在託盤上，或是裝在車上，放在輸送機上。

步驟四　使搬運作業機械化

利用重力由高處向低處移動，可以節省能源，減輕勞力，如：利用滑槽、重力式移動貨架等。當重力作為阻力發生作用時，應把物品裝在滾輪輸送機上，減輕重力所產生的摩擦力。而且盡可能地使搬運機械化，通過使用機械實現省力化，提高工作生產率。

步驟五　使搬運流程系統化

務使搬運流程不受阻滯，處於流動狀態，使搬運作業進行不停地連續作業。通過搬運將運輸、保管、包裝、流通加工等物流活動有序地連接起來，實現系統化、合理化。

41 流通加工管理的流程

流通加工管理的本質，和生產領域的生產管理相同，是在流通領域中的生產加工作業管理，是在物品從生產領域向消費領域流動的過程中，為促進銷售、維護產品品質和提高物流效率，對物品進行加工。

步驟一 增強流通加工的作業能力

根據企業客戶的需要，使得企業的流通加工適應多樣化需要。流通加工所要達到的首要目的，就是要使得企業的產品經加工後能夠滿足客戶的各方面的具體需求，為客戶創造更大的轉移價值。因此，流通加工合理化的首要工作就是要增強企業流通加工的作業能力，能適應顧客多樣化的需要來對產品進行相應的預處理，使得產品更適銷對路。

步驟二 進行集中的流通加工

利用在流通領域的集中加工代替分散在各使用部門的分別加工，大大地提高物品利用率，有明顯的效益。而集中加工可減少原材料的消耗，提高對產品的加工品質，更有效地提高產品的利用率。因此，流通加工合理化要做到對加工材料的充分合理利用，達到加工效率高、加工費用低的標準。

步驟三　增強對產品預處理等作業的管理

對於一些產品，由於其自身的特殊形狀，在裝卸、運輸作業中效率較低，極易發生流失或損耗的情況，而通過適當的流通加工可以彌補這些產品的物流缺陷，減少在物流過程中的損失。所以流通加工合理化應追求通過對產品的預處理等加工作業，使得流通加工創造的價值最大化，最大限度地提高物流效率，降低物流損失。

步驟四　銜接不同的運輸方式

由於現代社會生產的相對集中和消費的相對分散，流通過程中銜接生產的大批量、高效率的輸送和銜接消費的多品種、少批量、多戶頭的輸送之間，存在著很大的供需矛盾。而銜接不同的運輸方式，進行使物流更加合理的流通加工則可以較為有效地解決這個矛盾。以流通加工為分界點，從生產部門到流通加工點可形成大量的、高效率的定點輸送；而從流通加工點到用戶則可形成多品種、多戶頭的靈活輸送。

步驟五　對流通加工進行作業調配

企業的出貨因各個銷售期的銷售情況不同而有所變化，所以企業的流通加工應根據企業各個期間的出貨計劃的安排，靈活地進行對流通加工能力的資源調節，並通過一些特殊的調配方法來應付突發性的異常作業，使得企業的流通加工能力得到充分利用，不會使資源閒置，造成企業能力的損失。

42 倉儲保管操作流程

倉儲管理是通過倉庫對商品進行儲存和保管，倉儲管理得好，能夠促進企業提高客戶服務水準，增加企業競爭能力。

步驟一　做好倉庫儲備

1.制定倉庫儲備計劃

當對倉庫進行物品儲備時，要遵循的理想程序是在啟動儲存作業之前，首先要獲得完整的儲備計劃。

在制定倉庫儲備計劃時，應該要確定通過倉庫配送的個別物品以及每一個基本存貨單位的儲存數量；而儲備要計劃儲存物品到達的時間表，以實現有序的內向流動。最初對倉庫進行儲備所需要的時間取決於儲存物品的數量，在大多數情況下需要花費20天以上的時間才能完成。

2.貨位分配

常見的貨位分配有可變貨位和固定貨位，無論使用那一種定位系統，每一種內向的儲存物品都應該給它分配一個起始位置。在儲存區內，託盤繼載的物品被分配到預定的搬盤位置上。

步驟二　進行商品儲存 ABC 分析

在物流領域中，用商品儲存 ABC 分析方法對商品品種與銷售額或商品品種與數量的相關性加以分析，來決定企業生產的重要品

種、服務率、斷檔率、庫存規則和庫存量等等。

如在企業生產的產品中，有 10%的品種其銷售額佔總銷售額的 65%時為 A 類品種；有 25%的品種其銷售額佔總銷售額的 20%為 B 類品種；有 65%的品種其銷售額佔總銷售額的 15%時為 C 類品種。

在管理方針上合理的做法是把 A 類定為基礎商品，把 B 類定為中間商品，把 C 類定為多品種少批量商品。

按控制的程度，ABC 分類法的應用法則如下：

A 類商品是社會需求量大的商品，存儲時應放在離消費地點近、有配送服務的配送中心。對 A 類物品，應盡可能地嚴加控制，包括最完備、準確的記錄，最高層監督的經常評審，從供應商按訂單頻繁交貨，對工廠緊密跟蹤以壓縮提前期，等等。

B 類商品的性質位於 A 類與 C 類之間，應該在中間性質的存儲據點（如地區物流中心）存放。對於 B 類物品，應作正常控制，包括良好的記錄與常規的關注。

C 類商品是品種多、管理費用高、獲利少的商品，應儘量放在工廠倉庫，或存儲中心集中保管。對 C 類物品，可盡可能使用最簡便的控制，諸如定期目視檢查庫存實物、簡化的記錄或只用最簡單的標誌法表明補充存貨已經訂貨了，採用大庫存量與訂貨量以避免缺貨，安排工廠日程計劃時給予低優先順序等。

步驟三　實施入庫控制

對於各類物品，其入庫流程應遵循如下：

1.驗收

由倉儲人員根據「交貨清單」查看貨物是否及時、準確，按照收貨的驗收處理程序，進行入庫檢驗，確定是否有明顯缺陷，並及

時做出補救措施。

2.確認

每項物品的入庫必須以「訂購單」或「提前運輸通知單」為依據，通過電腦終端輸入的合約編號與「訂購單」或「提前運輸通知單」進行對比，確認該批貨物進入庫存。

3.檢驗

檢驗需要以「交貨通知單」為憑證，檢查有無貨單差異，在允許範圍內作出追加交貨或退貨的決定；品質檢驗則應根據物品的不同採用不同的檢驗標準。

4.票據審核

通過與「交貨通知單」的品種、數量、品質的對比，確認有無差錯，若在允許範圍內則可登記入帳。

5.撰寫「入庫安排表」

在「入庫安排表」中就寫明物品運往何處（那個倉庫或工廠）存入，位於該處的那一個區、那一個貨架，編碼為多少等，然後據此安排裝卸作業，以結束物品入庫程序。

步驟四　實施庫存控制

庫存控制的目的是對企業整體運作進行有益的監控和管理。為了保證最高的客戶服務水準必須提高庫存投資，若降低庫存投資則可能會造成客戶服務水準的下降。要想以較小的庫存投資保持較高的客戶服務水準，需要在庫存管理中採取科學方法進行控制。主要實施措施有下面三方面：

1.安全庫存報警

安全庫存報警是根據存貨的安全庫存量，當現有的庫存低於安

全庫存，系統列出所有低於安全庫存的物品及庫存量，並自動生成庫存補充單。

2.滯銷品報警

滯銷品報警是為了讓企業隨時瞭解那些商品屬於滯銷品，從而對滯銷品進行處理並調整經營策略。

系統自動計算每種商品的銷量並按由大到小排列，形成排行榜。結合實際庫存量的分析，從而確定商品的暢銷與滯銷狀況，及時地發現滯銷的商品。

3.保質期報警

保質期報警是為了使企業保持存貨品質，維護信譽，對商品的要求而設定的，它能使企業在維護信譽的同時減少不必要的浪費。

43 物料儲備的定額制定方式

因為物料供應部門和物料消耗部門兩者的供求在時間、數量和地理位置上都可能存在差異，這就需要在物料儲備這個環節加以調節。生產物料儲備是指已購入廠內，但尚未投入到生產領域而在一定時間內需要在倉庫內暫時存放和保存的物料。物料儲備雖然是在倉庫內形成，但從根本上來看是為現場生產需要服務的。

步驟一　制定日常儲備定額

日常儲備是企業為了保證日常供應和生產任務的正常進行，在

兩次訂貨時間間隔內進行的儲備。這種儲備因生產部門對物料的不斷耗用而對物料不斷補充，因而又叫週轉儲備。

日常儲備定額的計算公式是：

某種物料日常儲備定額＝平均每日需要量×合理儲備天數

式中：

平均每日需要量＝計劃期物料總需要量÷計劃期天數

合理儲備天數＝平均物料供應間隔天數＋驗收入庫天數＋使用
前準備天數

平均物料供應間隔天數＝[Σ（每次入庫數量×每次進貨間隔天
數）]÷[Σ每次入庫數量]

步驟二　制定季節性儲備定額

季節性儲備是為了適應用料的季節性要求所建立的儲備。季節性儲備定額的計算公式是：

季節性儲備定額=平均每日需要量×季節性儲備天數

式中，季節性儲備天數根據生產需要和供應中斷天數決定。

步驟三　制定保障儲備定額

保障儲備是指企業在廠外物料供應和廠內生產可能發生意外變動的情況下，為保證生產正常進行而建立的儲備。保障儲備定額的計算公式是：

某種物料保障儲備定額＝保障儲備天數×平均每日需要量

式中，保險儲備天數一般可按平均誤期天數確定，其計算公式如下：

平均誤期天數＝[Σ（每次誤期天數×每次誤期時入庫數量）]

÷[Σ每次誤期時入庫數量]

步驟四　制定物料的其他儲備量

在確定了經常儲備定額和保障儲備定額後，就能求出企業需要的該種物料的平均儲備量、最高儲備量和最低儲備量。即：

平均儲備量＝經常儲備量÷2＋保障儲備量

最高儲備量＝經常儲備量＋保障儲備量

最低儲備量＝保障儲備量

44　商品倉儲的管理規定

步驟一　適用範圍

通過制定倉庫的管理制度及操作流程規定，指導和規範倉庫人員的日常工作行為，對有效提高工作效率起到激勵性的作用。

規範倉庫管理，規定物料倉儲管理的基本原則，使之有章可循。本公司倉儲管理相關事項，除另有規定外，悉依本規定辦理。

步驟二　管理原則

1. 定置原則

⑴倉庫設置要根據生產需要和廠房設備條件統籌規劃、合理佈局。

⑵依（倉庫定置管理規定）做好倉庫規劃、物料定位等工作。

2.暫收原則

從物料到達倉庫至完成入庫手續這段時間的暫時保管，稱為暫收，不列入物料帳，一般指外購件或外加工件的暫收。

3.入庫原則

⑴核對「進料檢驗單」與「訂購單」或《製造命令》無誤後，始可入庫。

⑵不合格品不得入庫。

4.保管原則

⑴在指定場所，將暫收品及入庫品，按批別區分加以保管，注意按不影響先進先出的原則加以整理。

⑵不良品應加以標示，並與良品分離保管（物料標示儘量採用顏色管理）。

5.存放區分

⑴為了明示物料的位置，應將倉庫加以劃分區域並編號標示。

⑵將物料的定置圖懸掛在倉庫醒目位置。

6.品質保全

為了物料的品質保全，應注意濕度、溫度及建築物的破損，並保持倉庫內的清潔，所有物料包裝箱不可直接置放於地板上。

7.盤點原則

⑴倉庫應定期填報「庫存月報表」、「庫存週報表」等資料。

⑵倉庫應進行循環盤點或定期盤點，並將盤點結果送財務部。

⑶盤點工作依「倉庫盤點辦法」的規定進行。

8.出庫原則

⑴物料的出庫依照「先進先出」的原則處理。

⑵物料出庫的手續需符合相關規定，如「領料單」與（製造命

令）或「出貨通知單」相符。

步驟三　管理規定

1.物料驗收入庫

⑴物料入庫，倉管員要親自同送貨人辦理交接手續，核對清點物料名稱、數量是否一致，並予簽收。

⑵物料入庫前先入待檢區，未經檢驗合格不准進入倉庫，更不准投入使用。

⑶檢驗合格後，倉管員憑合格報告，並核對入庫物料與「訂購單」或《製造命令》相符後，辦理入庫。

⑷入庫物料應登錄於「存量管制卡」。

⑸不合格品，應隔離堆放，嚴禁投入使用。

⑹不合格品資信應及時通知生管部和相關送貨單位。

2.物料儲存保管

⑴物料的儲存保管，應根據物料的特性和用途規劃倉庫區域，定置存放管理。

⑵物料堆放應儘量做到過目點數，檢點方便，成行成列，整齊易取。

⑶倉管員對庫存、代管、暫收的物料，以及設備、容器、工具等均負有保管的直接責任，應做到人各有責，物各有主。

⑷物料如有損失、報廢、盤盈、盤虧，倉管員應如實上報，由部門主管審批後，方可處理，未經批准一律不准擅自更改帳目或處置物料。

⑸物料儲存要考慮其特性，注意溫度、濕度、通風、照明等條件，保證物料安全和不變質。

⑹物料堆放應考慮「先進先出」原則,以方便出庫。

⑺未經權責主管批准,倉庫的物料一律不准擅自借出、拆件零發、私自挪用等。

⑻倉庫應防衛嚴密,慎防盜竊,禁止非本庫人員擅自入庫,並遵守公司安全規章及《倉庫安全管理規定)。

3.物料出庫

⑴應按先進先出、按單辦理的原則發料。

⑵領料單應填明物料編號、名稱、規格、數量和製造命令號碼,並有權責人員的簽名。

⑶超領物料應有「物料超領單」且手續齊全,代用物料應有「物料代用申請單」,調撥物料應有「物料調撥單」方可發料。

⑷成品出庫須有(銷售計劃》與(出貨通知書),並經權貴人員審核。

⑸製作樣品領用物料或成品,須有權責主管核准的手續方可。

⑹倉管員發料時應與領料人員辦理手續,當面點交清楚,防止出錯。

⑺所有發料憑證,倉管員應妥為保管,不得丟失。

45 商品盤點前的工作實施流程

盤點是指為確定倉庫內或其他場所內所現存物料的實際數量，而對物料的現在數量加以清點。

步驟一　進行盤點前的準備

盤點工作需要充分的事前準備，否則盤點工作很難推動得十分順利，盤點準備工作的內容如下：

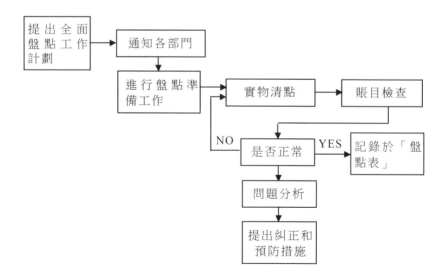

1. 確定盤點流程與方法

對於以往盤點工作的不理想先加以檢討修正後，確定盤點流程

與方法。公司的盤點流程與方法應經過會議通過後列入公司正式的盤點流程或盤點制度中。

2. 確定盤點日期

盤點日期決定要配合財務部門成本會計的決算。

3. 選取盤點人員

盤點複盤、監盤或抽盤人員的選取,應該有一定的級別順序。

4. 準備盤點用報表

盤點用的報表和表格必須事先印妥,並在人員培訓時進行演練。

5. 清理

倉庫的清理工作,帳目的結清工作。盤點前倉庫的清理工作主要包括:

(1)供應商所交來的物料尚未辦完驗收手續的,不屬於本公司的物料,所有權應為供應商所有,必須與公司的物料分開,避免混淆,以免盤入公司物料當中。

(2)驗收完成物料應及時整理歸倉,若一時來不及入倉,得暫存於現場,記錄在場所的臨時帳上。

(3)倉庫關閉之前,必須通知各用料部門預領關閉期間所需的物料。

(4)清理清潔倉庫,使倉庫井然有序,便於計數與盤點。

(5)將呆料、不良物料和廢料預先鑑定,與一般物料劃定界限,以便正式盤點時作最後的鑑定。

(6)將所有單據、文件、帳卡整理就緒,未登帳、銷帳的單據均應結清。

(7)倉庫的物料管理人員應於正式盤點前找時間自行盤點,若發現有問題應作必要且適當的處理,以利正式盤點工作的進行。

步驟二　實物清點

⑴材料盤點按 ABC 物質分類法進行。

⑵外發加工材料會同採購部人員前往供應商處，或委託供應商清點實際數量。

⑶盤點時應將盤點票填寫好，數量一欄應將箱數、包數等填上，如：

10 箱×1000pcs/箱＋5 包×100pcs/包＋60pcs＝10560pcs。

⑷盤點票不得更改塗寫，若有更改需用紅筆在更改處簽名。

⑸初盤完成後，將初盤數量記錄於《盤點表》上，將盤點表轉交給複盤人員。

⑹複盤時由初盤人員帶複盤人員到盤點地點，複盤人員不應受到初盤的影響。

⑺複盤與初盤有差異者，應與初盤人員一起尋找差異原因，確認後記錄於《盤點表》上。

⑻抽盤時可根據盤點表隨機抽盤或就地抽盤，ABC 類物質抽查比例為 5：3：2。

步驟三　帳目核查

⑴盤點抽查，均未發現問題後，將抽盤數量記錄於《盤點表》上，與帳目核對。

⑵差錯率。

①固定資產差錯率為 0。

②A 類物質差錯率為 0.5%以下。

③B 類物質差錯率為 1%以下。

④C 類物質差錯率為 2%以下。

⑶複盤與初盤在差錯率規定以上者，均需再次盤點一次，經初盤、複盤人員共同確認後，再經抽盤組人員核實後予以記錄。

⑷盤點後第二天帳務人員需做好《盤點盈虧表》送交財務部門。

步驟四　問題及分析

⑴檢查呆料比重是否過高，並設法降低。

⑵檢查存貨週轉率高低，存料金額是否過大，當造成財務負擔過大時，應設法降低庫存量。

⑶物料供應不足率是否過大，過大時應設法強化物料計劃與庫存管理以及採購間的配合。

⑷料架、倉儲、物料存放地點是否影響到物料管理績效，若有影響，應設法改進。

⑸成品成本中物料成本比率是否過大，過大時應予以探討採購價格偏高的原因，並設法降低採購價格或設法尋找廉價的代用品。

⑹物料盤點工作完成以後，所發生的差額、錯誤、變質、呆滯、盈虧、損耗等結果，應分別予以處理，並分析原因，提出糾正及預防措施，防止以後再發生。

46 倉庫盤點管理辦法

步驟一 適用範圍

進行盤點的目的主要是希望能藉助盤點來檢查貨品出入庫及保管狀況，從而瞭解問題所在，並加以改進。

為規範倉庫盤點作業，確保倉庫料帳一致，配合年度會計審核，特制定本辦法。

本公司各類倉庫的物料數量盤點工作，除年度會計審核要求另行補充規定外，均依本辦法執行。

步驟二 盤點的方法

1.缺料盤點法

當某一物料的存量低於一定數量時，由於便於清點，此時作盤點工作，稱為缺料盤點法。如大物料低於 200 個，小物料低於 500 個時，應及時盤點，核對數量與帳目是否相符。

2.循環盤點法

循環盤點法又稱開庫式盤點，即週而復始地連續盤點庫存物料。循環盤點法是保持存貨記錄準確性的唯一可靠方法。運用此法盤點時，物料進出工作不間斷。

3.定期盤點法

又稱閉庫式盤點，即將倉庫其他活動停止一定時間（如一天或兩天等），對存貨實施盤點。一般採用與會計審核相同的時間跨度，

如半年一次（上市公司）或一年一次（非上市公司）。

步驟三　盤點計劃工作

定期盤點通常應擬定盤點計劃，除倉庫盤點外，現場、協力廠商也應進行盤點。以倉庫盤點為例，應做如下工作：

1.盤點準備

⑴申請盤點所需要的表單，即「盤點卡」和「盤點清冊」。盤點卡用於貼示物料，盤點清冊用於匯總物料庫存資料。

⑵召開盤點會議，必要時成立盤點小組，劃分盤點區域及負責人，確定盤點的各項工作的分工。

⑶申請特殊度量工具、印章及其他需用品，確定盤點日期。

⑷各單位指派參加盤點的人員，分為初盤人員與複盤人員，同時對人員進行分組並指定小組負責人。

⑸對盤點人員作教育訓練，由公司負責對各小組負責人作訓練，各小組負責人對所屬人員作訓練。

2.初盤作業

⑴指定時間停止倉庫物料進出。

⑵各初盤小組在負責人帶領下進入盤點區域，至少每兩人一組，在倉管員引導下進行各項物料的清點工作。

⑶初盤人員在清點物料後，填寫盤點卡，註明物料編號、名稱、規格、初盤數量、存放區域、盤點時間和盤點人員，做到「一物一卡」。

⑷盤點卡一式三聯，一聯貼於物料上，兩聯轉交複盤人員。

⑸初盤負責人組織專人根據盤點卡資料，填寫盤點清冊，將物料盤點卡資料填入。盤點清冊一式三聯，一聯存被盤倉庫，另兩聯

交複盤人員。

3.複盤作業

⑴初盤結束後，複盤人員在各負責人帶領下進入盤點區域，在倉管員及初盤人員代表的引導下進行物料複盤工作。

⑵複盤可採用 100%複盤，也可採用抽盤，由公司盤點小組確定，但複盤比例不可低於 30%。

47 倉管部門職責標準

步驟一 倉管部門的工作職責

貨倉的主要工作職責可以解釋為三個字：收、管、發。具體內容為：

1. 依據「訂購單」點收物料，並按貨倉管理制度檢查數量。
2. 將 IQC 驗收好的物料按指定位置予以存放。
3. 存放場所應符合「5S」要求，防止品質發生變異。
4. 依據「領料單」或「備料單」配備和發放物料。
5. 料帳出入庫記錄與定期盤存。
6. 不良物料及呆廢料的定期處理。

步驟二 貨倉部門主管的工作職責

貨倉主管的主要工作職責有：

1. 負責貨倉部整體工作事務。

2. 與企業其他部門的溝通與協調。

3. 參與企業宏觀管理和策略制定。

4. 貨倉部的工作籌畫與控制。

5. 審訂和修改貨倉部的工作規程和管理制度。

6. 檢查和審核貨倉部各級員工的工作進度和工作績效。

7. 簽發貨倉部各級文件和單據。

8. 貨倉部各級員工的培訓工作。

48 商品發貨的管理制度

步驟一　交運期限

1. 凡遇下列情況之一者，物料管理應於一日前辦妥「成品交運單」，並於一日內交運。

⑴計劃產品接獲客戶的「訂貨通知單」時的交貨日期。

⑵內銷、合作外銷訂製品，依客戶需要的日期。

2. 直接外銷訂製品繳庫後，配合結關日期交運。

步驟二　發貨總體規定

1. 物料管理部門接到「訂貨通知單」時，經辦人員應及時列檔，列檔的依據是產品規格和訂貨通知單編號順序，如果內容不明確應及時詢問並確認。

2. 因客戶業務需要，收貨人非訂購客戶或收貨地點非其營業所

在地的，依下列規定辦理：

⑴經銷商的訂貨、交貨地點非其營業所在地，其「訂貨通知單」
應經業務部主管核簽方可辦理交運。

⑵收貨人非訂購客戶應有訂購客戶出具的收貨指定通知方可辦
理交運。

⑶物料管理部門接獲「訂制（貨）通知單」方可發貨，但有指
定交運日期的，依其指定日期交運。

⑷訂製品（計劃品）在客戶需要日期前繳庫或「訂貨通知單」
註明「不得提前交運」的，物品管理部門若因庫位問題需提前交運
時，應先聯絡業務人員轉知客戶同意，且收到業務部門的出貨通知
後始得提前交運，若是緊急出貨時，應由業務部主管通知物料管理
部門主管先予以交運，再補辦出貨通知手續。

⑸不得交運未辦理繳庫手續的產品，如確實需交運，必須按規
定辦理繳庫手續。

⑹訂製品交運前，物料管理部門如接到業務部門的暫緩出貨通
知時，應立即暫緩交運，等收到業務部門的出貨通知後再辦理交運。
緊急時可由業務部門主管先以電話通知物料管理部門主管，但事後
仍應立即補辦手續。

⑺「成品交運單」填好後，須於「訂貨通知單」上填註日期、「成
品交運單」編號及數量等以瞭解交運情況，若已交畢結案則依流水
號順序整理歸檔。

步驟三　承運車輛調派與控制

1. 物料管理部門指定人員負責承運車輛與發貨人員的調派。

2. 物料管理部門應於每日下午四時以前備好第二天應交運的

「成品交運單」,並通知承運公司調派車輛。

3. 如承運車輛可能於營業時間外抵達客戶交貨地址,成品交運前,物料管理部門應將預定抵達時間通知業務部門轉告客戶準備收貨。

步驟四　內銷及直接外銷的成品交運

1. 成品交運時,物料管理部門應依「訂制(貨)通知單」開立「成品交運單」,由業務部門開立票據,客戶聯票據核對無誤後寄交客戶,存根聯與未用的票據於下月二日前彙送會計部門。

2. 「訂貨通知單」上註明有預收款的,在開列「成品交運單」時,應在「預收款」欄內註明預收款金額及票據號碼,分批交運的,其收款以最後一批交貨時為原則,但「訂貨(制)通知單」內有特殊規定者例外。

3. 承運車輛入廠裝載成品後,發貨人及承運人應於「成品交運單」上簽章,第一、二聯經送業務部核對後第一聯業務部存,第二聯由會計核對入帳,第三、四、五聯交由承運商於出貨前核點無誤後始得放行。經客戶簽收後第三聯送交運客戶,第四、五聯交由承運商送回物料管理部門,把第四聯送回業務依實際需要寄交指運客戶,第五聯承運商持回,據以申請運費,第六聯物料管理部門自存。

步驟五　客戶自運

1. 客戶要求自運時,物料管理部門應先聯絡業務部門確認。

2. 成品裝載後,承運人於「成品交運單」上簽認,依另行規定辦理。

步驟六 直接外銷的成品交運

1. 物料管理部門應於結關前將成品運抵指定的碼頭或貨櫃場，以減少額外費用（如特驗費、監視費等）。

2. 成品交運時，物料管理部門應依「外銷訂貨通知單」開列「成品交運單」一式六聯，第四、五聯，交由承運商送碼頭或貨櫃場的報關行簽收後，第四聯免送客戶，仍存於物料管理部門，第五聯經報關簽收後由承運人持回，據此申請費用。

3. 外銷票據正聯送業務部門收存，存根聯與未用的票據則於下個月二日前匯總送會計部門。

4. 成品需於廠內裝櫃時應依下列規定辦理：

⑴物料管理部門應於接到業務部門領櫃通知後，即聯絡貨櫃入廠裝運。

⑵裝櫃時應依客戶要求的裝櫃方式作業，裝畢後貨櫃應以封條加封。

步驟七 成品交運單的更正

「成品交運單」因交運內容更改成填單錯誤需要更正時，依下列規定辦理：

1.「內銷交運單」的更正：

⑴尚未交運：開單人員應於原單錯誤處更正，並加蓋更正章，如果難以更正，則將原單各聯加蓋「本單作廢」字樣，重開「成品交運單」辦理交運。作廢的「成品交運單」第一聯留倉運科，其餘各聯依序裝訂成冊送會計核對存檔，另開錯誤的票據則加蓋「作廢」章，存於原票據本。

⑵已交運：開單人員應立即開立「交運更正單（內銷）」第一、二、三聯送業務部核對後，第一聯業務部存，第二聯送會計，第三聯依實際需要轉送交運客戶，第四聯寄送客戶，第五、六聯存於倉運部門。

⑶如票據已送客戶，因錯誤而需重開者，應將新開票據連同「交運更正單」第四聯送業務部門轉交客戶，並需督促客戶取回原開票據。

2.「外銷成品交運單」的更正：

⑴尚未交運：比照本條第一款第一條的規定辦理。

⑵已交運：經辦人員應立即至交運的碼頭或貨櫃場辦理「裝箱單」等報關文件的更正，並立即開立「交運更正單」，其流程與票據的更正比照第一款的規定辦理。

⑶「交運更正單」不得作為出廠憑證。

步驟八 成品交運單簽收回聯的審核及責任追究

1. 審核：物料管理部門收到「成品交運單」簽收回聯有下列情況者，應即附有關單據送業務部門轉客戶補簽：

⑴未蓋「收貨章」。

⑵「收貨章」模糊不清難以辨認，或非公司名稱全稱。

⑶其他用途章（如公文專用章）充當「收貨章」。

2. 責任追究：物料管理部門於每月 10 日前就上月份交運的簽收回聯尚未收回的，應立即追究責任，並依合約規定罰扣運費，同時應於月前收集齊全，依序裝訂成冊送會計科核對存查。

步驟九　運費審核

1. 物料管理部門每月接獲承運公司送回的「成品交運單」簽收回聯、「運費明細表」及票據存根，應於 5 日內審核完畢，送回會計科整理付款。

2. 物料管理部門審核運費時，應檢視開單出廠及客戶簽收等日期，是否有逾期送達或違反合約規定，均依合約規定罰扣運費。

3. 若「成品交運單」簽收回聯有相關條文的簽收異常者，除依規定辦理外，其運費也應暫緩支付。

第十條　成品領用與票據逾月處理

1. 物料管理科收到領用部門開立的「成品領用單」經審核無誤後，依其請領數量發貨。

2. 業務部門每月初時把上月已出貨未開立票據的客戶，訂貨（制）單、品名規格、數量、交運地點及原因與對策填立於「票據逾月未開列匯總表」一式二份，一份業務部門存，一份送財務部門以便核對。

49 庫存控制方法

庫存控制是對製造業、服務業生產經營過程的各種物品，進行管理和控制，使其儲備保存在經濟合理的水準上。

步驟一 定量控制方法

定量控制方法，是指當物品儲備下降到某一規定數量時，由企業存儲部門立即發出訂購請求，物品供應部門及時組織訂貨，以保證消耗掉的經常儲備能得以補充的方法。在定量控制方法中，最有代表性的方法是訂貨點法，就是預先規定一個訂貨點的庫存量水準，當實際庫存量降到訂貨點量時，就自動發出某一固定的補充用訂購單。應用這種方法，要確定每次訂購批量和訂貨點兩個問題，以最小的存儲費用來滿足對存儲的需要。以經濟批量（EOQ）作為訂購數量可以達到存儲費用最小化。

在不允許缺貨的情況下，訂購點的時間和數量的關係如下圖所示。圖中，Q 為訂購批量，R 為訂購點，T 代表訂購間隔期。

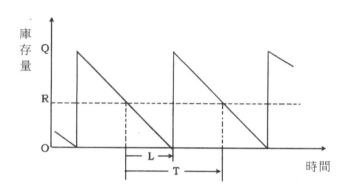

這種方法又稱「雙堆法」，在實際實用中，將物品分為兩堆，第一堆是訂貨量，其餘歸入第二堆。在第二堆用盡，需動用第一堆時，就及時訂購。這種方法，無需經常盤點，使庫存量形象化控制方法簡易化，適合於價值較低，備運時間短的物品。

其公式表示如下：

$$R = L \cdot K_s$$
$$Q = \sqrt{\frac{2KD}{K_s}}$$

其中：K_s——單件物品單位時間保管費用

由以上兩個公式，可以對其變形，求其他的量。即，在已知經濟訂貨量 EOQ 的情況下，其他有關的變數如年平均訂貨次數 n、兩次訂貨時間間隔 T、訂貨點 R 等均可求出。從上圖可知，訂貨單發出後，在 L 期間物品庫存量由於生產領用消耗繼續下降，減少至 0 時，新的訂貨到達。所以，在不允許缺貨的情況下，訂購點 R 的存量水準必須保證 L 期間的需要。

步驟二　定期控制方法

定期控制方法，也稱分批補充點訂購方法。在這種方法下訂購時間不變，而預先規定一個固定的訂購間隔期，又預先確定設置補充點（最大庫存量）S，每次訂購數量以進貨時能使物品儲備恢復到最大儲備量為原則來確定，即將補充點 S 和現有庫存量結合工作，為庫存管理決策變數而進行訂購的控制方法。

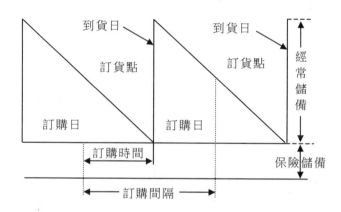

訂購量的計算公式為：

訂購量＝平均每日需用量×（訂購時間＋訂購間隔）＋保險儲備定額－實際庫存量－訂貨餘額

式中，訂購時間是指從發出訂購單至貨物驗收入庫為止所需的時間，訂購間隔是指相鄰兩次訂購日之間的時間間隔。實際庫存量為訂購日的實際庫存數，訂貨餘額為已經訂購但尚未到貨而在供應間隔期中可以到貨的數量。

步驟三　定量與定期混和控制方法

定量與定期控制方法各有優劣，定時法具有比較簡便，可及時提出訂購，不易出現缺貨，保險儲備量可減少等優點。其缺點是，訂購時間不定，難以作週密的採購計劃；未能突出重點物品管理。

定期訂購方法，能對物品的庫存量實行比較嚴格的控制，這種控制方法既能保證生產需要，又可以避免物品超儲，節省流動資金，但是在管理上需要花費較多的精力。

定量與定期混合控制方法一般按以下步驟進行。

第一步，確定訂購間隔期的時間長度，定期審核訂購間隔期的期末現有庫存量；

第二步，把現有庫存 I 和補充點 S 進行比較，若 I≥S，則不需訂購；若 I<S，則訂購一個經濟批量 EOQ。

步驟四　ABC 重點管理法

企業生產需要的物品種類繁多，這些物品的重要程度、價格高低、資金佔用各不相同。因此，如何針對庫存物品的不同情況和特點。實施重點的分類控制和管理，盡可能減少庫存佔用資金，加速資金週轉，對提高企業的整體經濟效益具有極其重要的意義。

ABC 重點管理法，又稱物品的分類管理法，是指對企業品種繁多的物品，按其重要程度，消耗數量，價值大小，資金佔用等情況，進行分類排隊，然後分別採用不同的管理方法，做到抓住重點，照顧一般。ABC 分類法在庫存控制中有著廣泛的應用，任何庫存控制系統，只要認真應用 ABC 分類法進行庫存管理，都會收到顯著的效果。

存貨的 ABC 分類法的基本原理就是把品種繁多的物品，按其重

要程度,如消耗數量、價值大小進行分類排隊,然後採用不同的控制方法,做到抓住重點,照顧一般。

例如,20%的產品贏得了 80%的利潤,20%的客戶提供了 80%的訂單,20%的員工創造了 80%的財富,20%的供應商造成了 80%延遲交貨等等。當然,這兒的 20%和 80%並不是絕對的,也可能是 23%和 77%或 24%和 76%,等等。

總之,ABC 分類法中的 20/80 法則,是指少量的因素可以帶來大量的結果。它告訴管理者,不同的因素在同一活動中起著不同的作用。例如,在製造企業品種繁多的產品結構中,真正為企業創造出大多數利潤的,只是其中的少數幾種產品;在百貨商店琳琅滿目的商品中,真正為商店帶來大部份銷售額和利潤的,僅是其中的少數品種。

在企業庫存控制中,也存在這和 20/80 法則,它被稱為存貨的 ABC 分類。因此,在資源有限的情況下,要把注意力放在起著關鍵性作用的因素上。ABC 分類管理法正是在 20/80 法則的指導下,對物品進行科學分類,以找出佔用大量資金的少數物品,並對其加強控制和管理;同時找出佔用少量資金的大多數物品,進行較鬆的控制和管理的方法。

把佔用了 65%～80%的價值,數量佔 15%～20%的物品劃分為 A類,這種物品品種數量少,佔用資金多,重要性強,是管理的重點,一般運用經濟批量法或定期訂購方法,嚴格盤點,選擇最優的訂購批量,減少庫存,提高資金使用效果;把佔用了 5%～15%的價值,數量佔 40%～55%的物品劃分為 C 類,這類物品品種數量很多,但佔用的資金不多,且易於採購,應定為管理的一般對象,可採用比較粗放的管理方法,一般採用「雙堆法」;把佔用了 15%～20%的價值,數

量佔 30%～40%的物品劃分為 B 類，其特點與重要性介於上述兩類物品之間，可選用定期訂購法或定量訂購法。

50 庫存管理制度範例

步驟一 物品驗收入庫

第一條　倉庫的主要任務是：保管好庫存物品，做到數量準確，品質完好，確保安全，收發迅速，面向生產，降低費用，加速資金週轉。

第二條　倉庫設置要根據工廠生產需要和廠房設備條件統籌規劃，合理佈局；內部要加強經濟責任制，進行科學分工，形成物品歸口管理的保證體系；業務上要實行工作品質標準化，應用現代管理技術和 ABC 分類法，不斷提高倉庫管理水準。

第三條　物品入庫，與交貨人辦理交接手續時，保管員應在場，核對清點物品名稱、數量是否一致，按物品交接本上的要求簽字。

第四條　物品入庫，應先入待驗區，未經檢驗合格不准進入貨位。

第五條　材料驗收合格，保管員憑票據所開列的名稱、規格型號、數量、計量驗收到位，入庫單各欄應填寫清楚，並隨同托收單交財務科記帳。

第六條　不合格品，應隔離堆放。

第七條　驗收中發現的問題，要及時通知主管和經辦人處理。

托收單到而貨未到，或貨已到而無票據，均應向經辦人反映查詢，直至消除懸念掛帳。

步驟二 物品的儲存保管

第八條 物品的儲存保管原則是：以物品的屬性、特點和用途規劃設置倉庫，並根據倉庫的條件考慮劃區分工。

第九條 物品堆放的原則是：在堆放合理安全可靠的前提下，根據貨物特點，必須做到查點方便，成行成列，排列整齊。

第十條 倉庫保管員對庫存、代保管、待驗物料以及設備、容器和工具等負有經濟責任和法律責任。倉庫物品如有損失、貶值、報廢、盤盈、盤虧等，保管員應及時報告科長，分析原因，查明責任，按規定辦理報批手續。

第十一條 保管物品要根據其自然屬性，考慮儲存的場所和保管常識處理，加強保管措施，不發生保管責任損失。同類物品堆放，要考慮先進先出，發貨方便，留有迴旋餘地。

第十二條 保管物品，未經主管同意，一律不准擅自借出。總成物品，一律不准拆件零發，特殊情況應經主管批准。

第十三條 倉庫要嚴格保衛制度，禁止非本庫人員擅自入庫。倉庫嚴禁煙火，明火作業需經保衛科批准。保管員要懂得使用消防器材和必要的防火知識。

步驟三 物品發放

第十四條 按「規定供應，節約用料」的原則發料。發料堅持一盤底。二核對，三發料，四減數的原則。

第十五條 領料單應填明物料名稱、規格、型號、領料數量、

圖號、零件名稱或物料用途，核算員和領料人簽字。屬計劃內的材料應有物料計劃；屬限額供料的物料應符合限額供料制度；屬規定審批的物料應有審批人簽字。同時，超費用領料人未辦手續，不得發料。

第十六條　調撥物料，發貨前保管員要審查單價、貨款總金額並蓋有財務科收款章等情況。發現價格不符或貨款少收等，應立即通知開票人更正後發貨。

第十七條　對於專項申請用料，除計劃採購員留作備用的數量外，均應由申請單位領用。常備用料，凡屬可以分割拆零的，本著節約的原則，都應拆零供應，不准一次性發料。

第十八條　發料必須與領料人和接料廠房辦理交接，當面點交清楚，防止差錯出門。

第十九條　所有發料憑證，保管員應妥善保管，不可丟失。

步驟四　其他事項

第二十條　記帳要字跡清楚，日清月結，托收、月報及時。

第二十一條　允許範圍內的磅差、合理的自然損耗所引起的盤盈盤虧，每月都要上報，以便做到帳、卡、物、資金一致。

第二十二條　保管員調動工作，移交前要及時辦理交接手續，移交中的未了事宜及有關憑證，要列出清單三份，寫明情況，雙方簽字，雙方各執一份，報科存檔一份，事後發生糾葛，仍由原移交人負責賠償。對失職造成的虧損，除照價賠償外，還要給紀律處分。

第二十三條　庫存盈虧反映出保管員的工作品質，力求做到不出現差錯。

51 廢料處理辦法

第一條　廢料的認定

凡不能再加工處理或不能提高使用價值，創造利潤稱為廢料。

第二條　廢料保管

設置廢料存放區，按類別分開存放，勿隨地丟棄。

第三條　廢料整理

1. 各工作場所應置放廢料桶、廢料箱，便於工作人員隨時存放一處並便於一次搬運。

2. 各工作場所當日產生之廢料，應於當日搬往各規定之廢料存放區。

第四條　如有不遵規定存放或將用料混同廢料存放者經查實後統歸管理部處理。

第五條　出售廢料必須會同管理部辦理，其實施原則如下：

1. 由管理組負責處理，管理部總務組協辦。

2. 各種廢料由管理組負責分別覓商訪價，會同管理部定價。

3. 裝車時管理組須派人隨車監視，以免承購商夾雜有用物料或偷竊其他物品。

4. 過磅時通知管理部總務組會同辦理，同時注意防止承購商作弊，並於廢料處理單上共同簽證。

5. 經辦人除應於每次過磅前先將磅秤校正外，並由管理部公用組按月辦理重校。

6. 依據廢料處理單開具銷貨單及票據，由各管理組主管簽章後交管理部總務組審呈管理部經理核准。

7. 廢料出售一律規定現款交易，收款後以當日結繳財務部收帳為原則。

8. 能供其他部門使用的可以協調方式作價處理。

9. 以每月標售處理為原則，如堆積過多而無特殊理由經管理部同意延期處理者外，一律歸管理部處理。其收入亦歸管理部。

第六條　凡本公司員工均可向廢料經辦單位介紹承購。

第七條　工地之廢料如鋼筋料頭、水泥紙袋、舊木板、木柱、木屑等等均屬之，其處理方式，比照本（廢料處理）辦法行之。

第八條　本辦法經經理級會議通過，並呈總經理核准後施行，其修改時亦同。

心得欄

_____

_____

_____

_____

_____

_____

52 物料需求計劃管理流程

MRP（Material Requirement Planning）系統的成功實施，是必須堅持由易到難、由簡單到複雜、由單一到綜合的指導原則，嚴格按照科學的工作程序，實行生產物料管理的逐步升級。MBP 的實施基本流程如下所示：

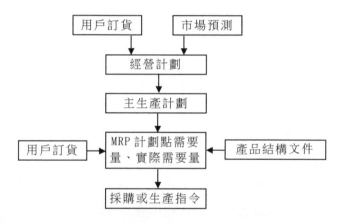

步驟一　編制經營計劃和主生產計劃

　　產品的生產計劃是 MRP 的基本輸入，MRP 根據主生產計劃展開，並計算出這些產品零件和原材料的各期需求量。產品的生產計劃應根據市場預測和訂貨情況來確定，但它並不同於預測，還要考慮企業的生產能力，這是因為預測的需求量可能隨時間起伏變化，而計劃可以通過提高或降低水準作為緩衝，使實際各週期生產量趨於一致，以達到生產過程均衡穩定。因此必須使計劃和生產能力平衡，

進行經營計劃和主生產的編制。明確規定生產的產品品種、數量、規格、交貨期等資料。將計劃時間內（年、季、月），每一時間週期（月、旬、週）最終產品的計劃產量制定出主生產計劃，明確計劃需求每種成品（產品）的數量和時間，是企業生產什麼和什麼時候生產的權威文件。運用 MRP 主要依據生產計劃大綱規定的主生產計劃，如果該計劃失準，MRP 運行就失去基礎，最終得出錯誤的結果。

步驟二　編制結構圖

1.編制出產品結構圖

產品結構圖，是從最終產品出發，將其作為一個系統來考慮，即其中包含多少個零件所組成，每一個產品從總裝→部裝→部件→零件分成幾個等級層次，而每一層次的零件又有多少個小零件所組成。工業企業在生產經營活動中所需的物料品種十分複雜。為了完成某一項生產任務或製造某種產品所需的材料，往往有許多品種、規格的材料、零件可供選用和代用，並且，產品結構越複雜，零件等級層次越多，其所需的各種材料和零件越具體。因此產品結構圖的編制直接關係到材料選擇合理與否，它對於保證產品品質、提高生產效益，促進技術進步，合理利用資源具有重要意義。

企業的產品結構圖隨生產任務、技術條件、供應條件的變化而變化。為了便於企業正確選擇和確定需用的物品品種，企業的物品供應部門，必須認真編好產品結構圖，把企業需用的千百種不同規格的物品按照物品的類別、名稱、規格、型號、技術標準、計量單位等，進行詳細說明。它不僅是編制物品供應計劃和組織物品採購的重要依據，也是設計、技術等部門正確選用物品的必要參考。它對於加強物品統一管理，提高物品管理水準具有重要作用。

在產品結構圖的編制時，企業的物品供應部門應當與生產、技術部門密切配合，在保證和提高產品品質的前提下，從技術、經濟和供應條件等方面考慮，選擇最經濟、最合理的物品品種。通過有關部門和市場調查，及時搜集和掌握新材料、新產品的發展情況以及物品供應的變化情況，及時地審核和修訂物品供應目錄。

正確選擇物品品種，應考慮以下幾個主要因素：

⑴選用的物品必須保證生產的產品品質。

⑵充分考慮使所選用物品規格化和標準化，盡可能減少所選物品的品種規格。

⑶從綜合角度考慮，所選購物品應盡可能保證在生產中有較高的生產率和設備利用率。

⑷儘量選用資源豐富、價格低廉的材料來代替稀缺、貴重材料，用工業原料代替農業原料。

2.材料零件明細表的編制

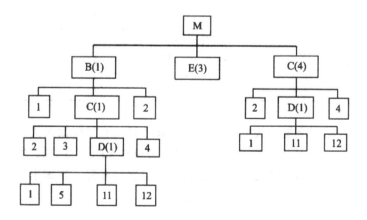

材料零件明細表是以字母表示零件元件，數字表示零件，括弧中數字表示裝配陣列成的表格，它的具體方法是對全部物料項目進

行分層編碼，編碼數字越小表明層次越高。從下圖中可以看出，最高層次的 M 是企業的最終產品，它由部件 B（每組裝 1 件 M 需 1 件 B）、部件 C（每組裝 1 件 M 需 4 件 C）及部件 E（每件 M 需 3 件 E）組成。而每一個第一層次的 B 件又是由部件 C（1 件）、零件 1（1 件）、零件 2（1 件）及零件 3（1 件）組成，依次類推。

當產品資訊輸入電腦後，電腦根據輸入的產品結構文件資訊，自動賦予各部件、零件一個低層代碼，低層代碼的引入，是為了簡化 MRP 的計算。

在產品結構展開時，是按層次碼逐級展開，相同零件處於不同層次就會重覆展開，增加計算工作量。因此，當一個零件有一個以上層次代碼時，應以它的最低層代碼（其層次代碼數字中較大者）為層次代碼。

當一個零件或部件在多種產品結構的不同層次中出現，或在一個產品的多個層次上出現時，該零件就具有不同的層次碼。

圖中各零件的低層次代碼表如下表所示：

產品 M 的各零件代碼

件號	低層代碼
M	0
B	1
E	1
C	2
D	3
1	4
2	3
4	3
11	4
12	4

　　一個零件的需求量為其上層對其需求量之和，如圖按低層代碼在第二層分解時，每件 M 需部件 C4 件，部件 B 需部件 C1 件，因此，生產一件 M 需 5 件 C。部件 C 的需求量可以在第二層次展開時一次求出，從而簡化了運算過程。

　　為了滿足設計和生產情況不斷變化的需要，靈活適應市場對產品需求的多品種、小批量增加的趨勢，產品結構文件必須設計得十分靈活。

　　通過盤點，正確掌握材料、零件庫存資料，包括各種材料、零件實際庫存量、安全儲備量等資料。

　　庫存資料是影響 MRP 計算準確性的關鍵，如果庫存資料發生錯誤，必將影響 MRP 計算的準確性。因此必須經濟進行實際盤點來解決，以保證庫存數據正確性。

步驟三　確定交貨日期、訂貨週期

　　交貨日期、訂貨週期以及訂購批量應綜合考慮保證生產；生產作業計劃的進度；供應條件按經濟批量法來確定。

步驟四　計算總需要量和實際需要量

　　按照產品結構圖和各種材料，零件明細表逐一算出各種材料的需要量，並根據上述資料，經 MRP 計算，確定各種物料總需要量和實際需要量。

步驟五　發出採購指令

　　即按照物料實際需要量、訂購批量和訂貨週期，發出採購通知單。

在企業生產中所需要的部件和零件中，有的是自己工廠生產的，有些則是外購的，如果物料中某些零件屬於自製生產的，應向有關生產部門發出生產指令。如果是外購的，則應根據生產採購計劃向採購部門提早發出採購指令，以免耽誤生產進度。

53 物料需求計劃範例

步驟一 各部門工作職責

1.目的

規範物料分析作業，制定計算物料需求數量、交期的作業流程，使之有章可循。

2.適用範圍

本公司用於產品主產使用的原物料的分析，並提出需求計劃的作業。

3.權責單位

⑴生管部負責本規章制定、修改、廢止的起草工作。

⑵總經理負責本規章制定、修改、廢止的核准。

4.配合部門

⑴業務部提供銷售計劃、客戶訂單資訊。

⑵資材部提供成品、半成品、原物料庫存狀況報表。

⑶生管部提供生產計劃。

⑷技術部提供產品用料明細表。

⑸採購部提供採購前置期、經濟訂購量、最小訂購量。

　5.責任部門

生管部物控人員為用料分析的責任人員，負責制定物料需求計劃。

步驟二　物料需求計劃步驟

　1.決定產品總需求量業務部決定產品總需求量。

總需求量一般由三個來源整合而成。

⑴某期間（如一個月或一季）的實際訂單量。

⑵該期間的預測訂單量。

⑶管理者決策改變前述數量（如為平衡淡旺季或調整產品結構需要）。

　2.決定產品實際需求量

根據獲得的總需求量，再依據該產品的成品存量狀況予以調整，得：

實際需求量＝總需求量－庫存數量

一般由業務部或生管部確認。

　3.確定生產計劃

生管部依實際需求量確定生產計劃，一般需做下述工作：

⑴產能負荷分析。

⑵產銷平衡。

⑶整體生產計劃與細部生產計劃。

　4.分解出物料清單

生管部物控人員負責物料清單的分析。

物料需求量＝某期間之產品實際需求量×每一產品使用該物料
數量

5.區分物料 ABC 項目

⑴物控人員根據物料狀況區分 ABC 項目，一般作如下區分：

佔總金額 60%～70%的物料為 A 類。

佔總金額餘下的 30%～40%的物料為 B 類及 C 類物料。

⑵A 類物料作物料需求計劃，B 類、C 類物料使用訂貨點方法採
購。

6.確定物料實際需求量

根據物料在製造過程中的損耗率，計算實際需求量。

物料實際需求量＝物料需求量×（1＋損耗率）

7.決定物料淨需求量

A 類物料淨需求量，必須參酌庫存數量、已訂貨數量予以調整。

物料淨需求量＝物料實際需求量－庫存數量－已訂未進數量

8.確定訂購數量及交期

根據經濟訂購量、庫存狀況及生產計劃，確定物料每次訂購數
量及交期。

⑴訂購數量一般以經濟訂購量或經濟訂購量的倍數確定。

⑵交期以使預計庫存數量少為原則來確定。

9.填寫並發出物料計劃性訂貨通知

⑴物控人員根據上述步驟獲得數據，整理出計劃性訂貨通知。

⑵訂貨日期根據採購前置期（即發出訂單到物料入庫之間的時
間）而確定，即：訂貨日期＝預計物料交期－採購前置期。

54 物料需求計劃的編制流程

物料需求計劃（MRP）是根據市場需求預測和顧客訂單制定產品的生產計劃，通過計算，從而確定材料的加工進度和訂貨日程。

步驟一 物料需求計劃的編訂

1.營業部於每年年度開始時，提供公司生產銷量的每種產品的「銷售預測」，銷售預測須經營會議通過，並配合實際庫存量、生產需要量、市場狀況，由生產單位編制每月的「生產計劃」。

2.生產單位編制的「生產計劃」副本送至採購中心，據以編制「採購計劃」，經經營會議審核通過，將副本送交管理部財務單位編制每月的「資金預算」。

3.營業部門變更「銷售計劃」或有臨時的銷售決策（例如緊急訂單），應與生產單位、採購中心協商，以排定生產日程，並據以修改採購計劃及採購預算。

步驟二 物料需求計畫的**採購**

1.材料預算分為：

⑴用料預算。

⑵購料預算。

其中，用料預算的用途分為：

①營業支出用料預算。

②資本支出用料預算。

2.材料預算按編制期間分為：

⑴年度預算。

⑵分期預算。

3.年度用料預算的編制程序如下：

⑴由用料部門依據營業預算及生產計劃編制「年度用料預算表」（特殊用料並應預估材料價格）經主管部長核定後，送企劃部材料管理彙編「年度用料總預算」轉公司財務部。

⑵材料預算經最後審定後，由總務部倉運股嚴格執行，如經核減，應由一級主管召集部長、組長、領班研究分配後核定，由企劃部份別通知各用料部門重新編列預算。

⑶用料部門用料超出核定預算時，由企劃部通知運輸部門。超出數在10%以上時，應由用料部門提出書面理由呈轉一級主管核定後辦理。

⑷用料總預算超出 10%時，由企劃部通知儲運部說明超出原因呈請核示，並辦理追加手續。

4.分期用料預算由用料部門編制，凡屬委託修繕工作，採購部按用料部門計劃分別代為編列「用料預算表」，經一級主管核定進行採購。

5.資本支出用料預算，由一級主管根據工程計劃，通知企劃部按規定辦理。

6.購料預算編制程序如下：

⑴年度購料預算由企劃部彙編並送呈審核。

⑵分期購料預算，由倉運部門視庫存量、已購未到數量及財務狀況，編制「購料預算表」會同企劃部送呈審核轉公司財務會議審

議。

7. 經核定的分期購料預算，在當期未動用者，不得保留。其確有需要者，下期補列。

8. 資本支出預算，年度有一部份未動用或全部未動用者，其未動用部份則不能保留，視情況在下一年度補列。

9. 未列預算的緊急用料，由用料部門領料後，補辦追加預算。

10. 用料預算除由用料部門嚴格執行外，並由企劃部加以配合控制。

55 用料預算的管制方法

預算包含的內容不僅僅是預測，它還涉及到有計劃地巧妙處理所有變量，這些變量決定著公司未來努力達到某一有利地位的績效。

步驟一　用料預算

1. 常備材料：由生產管理單位根據生產及保養計劃、定期編制「材料預料及存量基準明細表」擬訂用料預算。

2. 預備材料：由生產管理單位根據生產及保養計劃的材料耗用基準，按科別（產品表）定期編制「材料預算及存量基準明細表」擬訂用料預算，其事務用品直接根據過去實際領用數量，並考慮庫存情況，擬訂次月用料預算。

3. 非常備材料：訂貨生產的用料，由生產管理單位根據生產用

料基準，逐批擬訂產品用料預算，其他材料直接由使用單位定期擬
訂用料預算。

步驟二 存量管理

1. 常備材料：物料管理單位根據材料預算用量，交貨所需時間、
需用資金、倉儲容量、變質速率及危險性等因素，選用適當管理方
法以「材料預算及存量基準明細表」列示各項材料的管理點，連同
設定資料呈主管核准後，作為存量管理的基準，並擬制「材料控制
表」進行存量管理作業，但材料存量基準設定因素變動足以影響管
理點時，物料管理單位應即修正存量管理基準。

2. 預備材料：物料管理單位應考慮材料預算用量，在精簡採購、
倉儲成本之原則下，酌情以「材料預算及存量基準明細表」設定存
置管理基準加以管理，但材料存量基準設定因素變動時，物料管理
單位必須修正其存量管理基準。

3. 非常備材料：由物料管理單位依據預算用量及庫存情況實施
管理（管理方法由各公司自訂）。

步驟三 用料差異分析

材料預算用量與實際用量差異超過管理基準時，依下列規定辦
理：

1. 常備材料：物料管理單位應於每月10日前就上月實際用量與
預算用量比較（內購材料用）或前三個月累計實際用量與累計預算
用量比較（外購材料用）其差異率在管理基準（各公司自訂）以上
者，需填制「材料使用量差異分析月報表」送生產管理單位分析原
因，並提出改善對策。

2.預備材料:物料管理單位以每月或每三個月一期,於次月 10 日前就最近一個月或三個月累計實際用量與累計預算用量比較,其差異率在管理基準(各公司自訂)以上者按科別填制「材料使用量差異分析月報表」,送生產管理單位分析原因,並提出改善對策。

3.非常備材料:訂貨生產的用料,由生產管理單位於每批產品製造完成後,分析用料異常。

56 產銷協調控制庫存量

明瞭庫存過多所造成的嚴重壓力,就要設法降低庫存品。以電子公司為例,進口零件組裝成為各種電子產品,其降低成品存貨的方法是:

1.清點成品倉庫,編訂正確的成品存貨狀況。

2.根據成品清點資料及成品運交計劃表,找出存貨過高項目,責由銷售部門與生產管理部門經理解釋其原因,並提出立即降低成品存貨的具體建議,諸如與財務長協商,提早運交產品但給予客戶合理的折扣,以期迅速降低成品存貨。

3.責由銷售部門依據銷售預測表提出成品運交計劃表,詳列三個月內的每星期產品運交類別及數量。

4.依據修正的成品運交計劃表與年度銷售預測表,責由生產管理部門重新擬定生產計劃表。

5.依據清點成品的資料,修正的成品運交計劃表及產出計劃

表，算出每星期每項產品的存貨狀況。

6. 由高階主管財務長、銷售經理與生產管理部經理共同審核成品存貨預期水準。經由各部門及高階主管認可後，責由生產管理部門編繪成品存貨趨勢圖。

7. 每星期由生產管理部門具報實際產出、運交及存貨狀況。

8. 主管根據上項數據，並與預期數字比較。一有顯著差異，立即找出原因責有關部門解釋，並立即採取改正措施。

57 存量管理的作業細則

步驟一　存量基準設定

第一條　預估月用量

1. 用量穩定的材料由主管人員依據去年的平均月用量，並參酌今年營業的銷售目標與生產計劃設定，若產銷計劃有重大變化（如開發或取消某一產品的生產，擴建增產計劃等），應修定月用量。

2. 季節性與特殊性材料由生產管理人員每年核對四次，依前三個月及去年同期各月份的耗用數量，並參考市場狀況，擬訂次季各月份的預計銷售量，再乘以各產品的單位用量，而設定預估月用量。

第二條　請購點設定

1. 請購點──採購作業期間的需求量加上安全存量。

2. 採購作業期間的需求量──採購作業期限乘以預估月用量。

3. 安全存量──採購作業期間的需求量乘以 25%（差異管理率）

加上裝船延遲日數用量。

第三條　採購作業期限

由採購人員依採購作業的各階段所需日數設定，其作業流程及作業日數（公司自定）經主管核准，送相關部門作為請購需求日及採購數量的參考。

第四條　設定請購量

1. 考慮要項：採購作業期間的長短，最小包裝量及最小交通量及倉儲容量。

2. 設定數量：外購材料在歐美地區每次請購三個月用量，亞洲地區為兩個月用量，內購材料則每次請購 30 天用量。

第五條　存量基準呈准建立

生產管理人員將以上存量管理基準分別填入「存量基準設定表」呈總經理核准，送物料管理建檔。

步驟二　　**請購作業**

第六條　請購單提出時由物料管理單位，利用電腦（人工作業）查詢在途量、庫存量及安全存量填入記錄表中，以利審核，審核無誤後送採購單位辦理採購。

步驟三　　**用料差異管理作業**

第七條　用料差異管理基準

1. 上旬（1～10 日）實際用量超出該旬設定量×%以上者（由公司自定）。

2. 中旬（1～20 日）實際用量超出該旬設定量×%以上者（由公司自定）。

3.下旬（即全月）實際用量超出全月設定量×%以上者（由公司自定）。

第八條　用料差異反應及處理

生產管理人員於每月 5 日前針對前月開立「用料差異反應表」，查明差異原因及擬訂處理措施，研判是否修正「預估月量」，如需修定，應於反應表「擬修定月用量」欄內修定，並經總經理核准後，送物料管理單位以便修改存量基準。

步驟四　庫存查詢及採取措施

第九條　庫存查詢

物料管理人員接獲核准修定月用量的「用料差異反應表」後應立即查詢「庫存管理表」，查詢該批材料的在途量及進度，研究是否需要修改交貨期。

第十條　採取措施

物控人員研判需修改交貨期時，應填具「交貨期變更聯絡單」送請採購單位採取措施，採購單位應將處理結果於「採購單位答覆」欄內填妥，送回物控人員列入管理。

步驟五　存量管理作業部門及其職責

第十一條　物控人員

為材料存量管理作業中心，負責月使用量基準設（修）定，用料差異分析及採取措施。

第十二條　採購單位

負責各項材料內、外購別的設（修）定，採購作業期限設（修）定及採購進度管理與異常處理。

58 產品用料明細表的實施辦法

步驟一　權責單位

1.目的

規範產品用料明細表的制定、修改流程，使之有章可循。

2.適用範圍

公司內有關產品用料明細的制定、修改與使用，均依本辦法執行。

3.權責單位

(1)開發部負責本規章制定、修改、廢止的起草工作。

(2)總經理負責本規章制定、修改、廢止的核准。

步驟二　產品用料明細表的作用

1.定義

產品用料明細表，也稱產品結構或用料結構，通常簡稱 BOM（即 Bills Of materials），系表示產品與元件、元件與零件以及零件與原材料等明細以及其相互關係的一覽表。

2.產品用料明細表的內容

應包括產品、元件、零件之階數、料號、品名、規格、標準用量、標準損耗率、來源、圖號等內容。

(1)階數

①階數表示半成品、元件、零件在產品用料明細表中所處的結

構層數。

②直接組成成品之半成品、元件、零件，其階數為第 1 階，即最後一個加工工程所用之成品材料為第 1 階材料。

③直接組成第 1 階材料的半成品、元件、零件、原材料，其階數為第 2 階。依此類推第 3 階、第 4 階……

④每一種材料必須層層細分至購入的原材料或零件為止。

⑤同一種材料由於在不同的地方使用，其階數可以不同，但料號卻相同；材料經過加工後成為半成品或組件，其料號、階數均不同。

⑥階數用阿拉伯數字 1、2、3……表示。

(2)料號

①依《物料編號原則》的規定，每一個成品、半成品、元件、零件、原材料均有料號。

②相同的材料料號只有一個，但材料經加工後，其料號就發生變化。

③料號表示見《物料編號原則》。

(3)**品名**

①不同的產品中相同的元件、零件應統一名稱。

②同一元件、零件經加工後，其料號變化，但品名可以不變。

③品名用中文表示。

(4)**規格**

①明確各材料的規格型號、加工階段，不同料號的材料其規格、型號一般不同。

②同一元件、零件經加工後，其料號變化，規格型號不變，但因加工階段不同，故其規格內容仍然不同。

(5)**標準用量、標準損耗率**

①明確各材料的標準用量。

②依來料及生產現狀確定標準損耗率。

(6)**材料來源**

①分為自製、外購兩種，用 M 代表自製，用 P 代表外購。

②外購件經過加工、組裝、修改等作業後，料號改變，且其來源應註明為 M。

③註明為 M 之材料表示可以繼續細分子階，註明為 P 的不可再細分。

(7)**圖號**

①每一零件均應標註其零件圖號。

②標準件或原材料可以不需圖紙，故無圖號。

③圖號編寫規則依相關規定處理。

3.產品用料明細表的作用

(1)**開發部**

①檢索圖紙。

②設計類似品參考。

③有利於設計時的標準化。

④檢討技術改善。

(2)**生技部**

①檢討技術流程。

②評估作業時間。

③制定作業標準書。

(3)**生管部**

①安排生產計劃。

②把握生產進度。

③制定物料需求計劃。

④填寫請購資料時使用。

(4)採購部

①制定採購計劃

②確定交貨時間、數量。

③設定單價參考。

④代用品申請參考。

(5)製造部

①安排生產任務。

②管理半成品。

③物料管理依據。

④生產進度控制。

(6)資材部

①物料發放、點收依據。

②盤點方便。

③呆滯物料分析。

④重估庫存基準。

(7)品管部

①產品結構檢驗。

②制程巡檢依據。

③首樣檢查。

④讓步接收判定參考。

(8)財務部

①把握零件成本。

②計算半成品、成品成本。

③分析實際成本差異。

④盤點工作參考。

步驟三　產品用料明細表的制定與修改

1.制定辦法

(1)開發部在新產品設計完成階段，應制定產品的零件一覽表，即 Parts List，簡稱 P/L，明確產品使用的零件及原材料的名稱、規格、標準用量。

(2)開發部應及時提供零件圖、裝配圖、樣品等資料，經產品評鑑合格、試製成功後移交導入量產。

(3)生技部在產品試製（小批量產）時，應參與技術流程之制定、評估。

(4)由生技部依據產品設計資料、試製過程、在產品零件一覽表（P/L），製成產品用料明細表（BOM）。

(5) BOM 製成後，應分發開發、品管、生管、資材、製造、採購、財務等部門各一份，原件由生技部保存。

2.修改規定

(1)修改時機

①技術流程更改，導致產品加工順序變更時。

②設計變更，導致產品結構發生變化時。

③材料規格發生變化，需修改時。

④標準用量和損耗率因生產條件發生變化，需要改時。

⑤其他原因，導致 BOM 表中的部份內容需修改時。

(2)修改規定

①依《技術變更管理辦法》進行變更申請與作業。

②依技術變更通知單內容視需要對 BOM 進行修改。

③修改後的 BOM 應重新分發，並回收舊 BOM。

物料需求分析表

月至　　月

材料名稱	規格	單位	供應狀況				基本存量			供需措施					備註
			庫存	已訂	未訂	合計	月份	月份	合計	增購數量	催交數量	緩交數量	減購數量	緊急採購	

產品材料用量分析表

產品號碼　　　　　　　　　　　　　　　　　　　月份

產品名稱		生產數量		製造日期		月 日至 月 日	
項次	材料名稱	材料編號	單位用量	標準用量	實際用量	材料成本		超用金額	備註
						標準	實際		

生產單位：　　　　　　　　　　　　　　　製表：

材料存量計劃表

材料名稱	每月用量	平均每日用量	每日最高用量	訂貨點數量	交貨日期	訂貨數量	最高存量	平均存量	可用日數	備註

物料分析表

分析日期：＿＿＿＿＿＿＿＿＿＿　　　　分析人員：＿＿＿＿＿＿＿＿

客戶		訂單號		制單號			
品名		型號		數量		交期	
材料使用日							
用料分析							

料號 ＼ 項目	A	B	C	D	E	F	G	H	…	…
材料單位										
單位用料量										
備用率%										
標準用量										
庫存數										
訂購方式　訂單訂購										
存貨訂購										
倉庫申購數										
預定進料日										
實進料日										
……										
……										
備註										

材料供應計劃表

類別：　　　　　　　　　　　　　　　日期：

序號	材料名稱	規格	材料編號	各月份需要量							合計	基本存量	進料計劃				交貨期（天）
				1	2	3	4	5	…	12			月份	數量	月份	數量	
1																	
2																	
3																	
4																	
5																	
6																	
7																	
8																	
9																	
10																	
11																	
12																	
13																	
14																	
	合計																

核對：　　　　　　　　　　　　　　填寫：

物料需求計劃表

月份：　　　　　　　　　　　　　　　　　　年　月　日

目次																		
品名及規格																		
材料編號																		
生產量	數量																	
	單位																	
單位用量																		
用量小計																		
損耗率%																		
總用量																		
庫存量	庫存																	
	數量																	
計劃用量																		
單價																		
金額																		
需要日期																		
請購單號碼																		
需要日期	5																	
	10																	
	15																	
	20																	
	25																	
	30																	
備註																		

物品需求數量計劃表

供應商				
本日存貨	日期			
	公噸		每日耗用	公噸
本日存貨 耗用期限				
訂購期限				
I/L 申請日期				
L/C 開出日期				
裝　　船	公噸			
	開船日期			
	抵達日期			
船到入庫後 總存量（公噸）				

材料用量計劃表

月份：　　　　　　　　　　　　　　　　頁次：

產品批號									
生產數量									
材料名稱	規格	材料編號	單位用量	估計用量	規格	材料編號	單位用量	估計用量

相同材料供應計劃表

頁次：

材料名稱規格		編號		計劃期間		年　月至　年　月	
適用產品	單位用量	月		月		月		月	
		預計	實際	預計	實際	預計	實際	預計	實際
用量合計									
採購數量									
庫存數量									
	上期	審核	擬訂	審核	擬訂	審核	擬訂	審核	擬訂
	簽章								

常備材料控制表

單位：_____

存量管制基準								
變更日期								
預估月用量								
存量管制方式								
請購週期	日數							
	需用數量							
進貨期間	日數							
	需用數量							
安全存量	可用日數							
	數量							
請購點	可用日數							
	數量							
請購量	可用日數							
	數量							
最高存量	可用日數							
	數量							
日期	日							
	月							
進廠量								
發出量								
庫存量	數量							
	可用日數							
請購未到量								
請購參考量	數量							
	可用日數							

材料使用量差異分析月報表

年　　月　　　　　　　　　　填表：　年　月　日

材料編號								
名稱規格								
單位								
最近三個月實際用量	月								
	月								
	月								
當月預算用量								
差異量								
差異率								
異常原因								
處理對策								
用料預算部門主管批示								

用料差異反應單

年　　月　　日

項次								
材料編號								
品名規定								
設定月用量								
管制量								
差異率								
上一月用量								
下一月用量								
擬修訂月用量								
差異原因								
處理措施								

存量基準設定表

材料編號									
品名規定									
單位									
採購區分									
去年平均月用量									
	合計								
設定月用量									
	合計								
安全存量	天數								
	數量								
請購點	天數								
	數量								
設定請購量									
最小包裝量及貨櫃量									

材料預算暨存量基準明細表

□定期　　　　　　　　　　　　　　No._____

□修訂　　　　　　　　　填表：　　年　月　日

材料編號								
名稱規格（代號）								
單位								
後三個 預算用量	月							
	月							
	月							
平均月用量								
預估月用量								
存量管理 方式								
請購週期	日數							
	需用數量							
進貨期間	日數							
	需用數量							
安全存量	日數							
	需用數量							
請購點	日數							
	需用數量							
請購量	日數							
	需用數量							
最高存量	日數							
	需用數量							

59 採購部門工作流程

採購部是公司負責提供生產部所需各類物資的職能部門，負責公司所有原料、輔料、包裝材料等的採購供應。

步驟一 　獲取採購資訊

採購過程涉及到部門間大量的資訊流動。獲取採購資訊並向各活動部門提供適當的資訊反饋，是採購部門的一個重要職能。採購資訊已滲透到新技術開發、品質控制、運輸、預測、生產安排與產品設計等領域，採購資訊對於企業的規劃與決策起著不可替代的作用。

步驟二 　提供採購服務

採購部門是實現公司採購功能的專業部門，提供採購服務是其最基本的職能。其他部門將採購需求提交給採購部門，採購部門必須能夠協調公司內外所有影響採購的因素。

步驟三 　獲取有效物品價值

採購部門需要協調必要的投入，為企業建立最有效的價值與成本的關係。在採購過程中，任何節約都將對利潤產生直接的影響，然而不能過分強調節約成本，需要綜合考慮時間、品質及數量等其他因素。

步驟四　發展供應商

與供應商的合作關係直接影響著企業的競爭地位。買賣雙方傾向於建立長期業務關係，互相依託。美國的許多企業與供應商建立「協作性買賣關係」。這種方法不僅有利於優選供應商，使供應商更加瞭解企業的採購需求，而且，有利於促進企業與優選供應商合作進行產品開發與流程創新。

生產安全處理流程圖

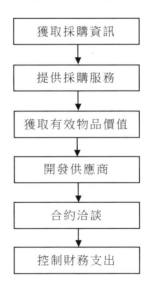

```
獲取採購資訊
    ↓
提供採購服務
    ↓
獲取有效物品價值
    ↓
開發供應商
    ↓
合約洽談
    ↓
控制財務支出
```

步驟五　合約洽談

為了更加有效地對合約條款進行磋商，企業必須對洽談過程和涉及人員嚴格控制。這種控制一般是通過安排採購部門代表負責與一個或多個供應商洽談的方式實現的。

步驟六　控制財務支出

企業的採購活動必須在現金流量反映的支付能力範圍內進行，並對代表企業簽署採購協議的人員進行嚴格的控制。這也說明財務部門與採購部門之間的緊密協作是非常重要的。

60 採購管理的作業流程

通過對採購過程進行有效控制，確保產品的原料、零件、包裝材料的品質、價格、交期與數量能滿足本公司要求，以最低的庫存保障生產的暢通。

步驟一　接件分發

(1)請購單各欄填寫是否清楚

(2)按分配原則是分派請購要件

(3)急件優先分派辦法

(4)無法於需用日期辦妥者利用「交貨期聯絡單」通知請購部門

(5)撤銷請購單應先送辦理

步驟二　詢價

(1)交貨期無法配合需要日期時聯絡請購部門

(2)充分瞭解請購材料的品名、規格

(3)急件或需用日期接近者應優先辦理

(4)向廠商詳細說明品名、規格、品質要求、數量、扣款規定、交貨日期、地點、付款辦法

(5)同規格產品有幾家供應商均詢價

(6)是否有其他較有利的代用品或對抗品

(7)應提供同規格，不同廠牌做比較

(8)有必要辦理售後服務及保修年限

(9)新廠商產品是否需檢驗試用

步驟三　比價、議價

(1)廠商的供應能力是否能按期交貨

(2)是否殷實可靠的生產廠或直接供應商

(3)其他經銷商價格是否較低

(4)經成本分析後，設定議價目標

(5)是否有必要向廠商索取記錄比較

(6)價格上漲下跌有何因素

(7)是否有必要開發其他廠商或轉外購

(8)規定幾萬元以下的案件呈副經理議價或設定議價目標

步驟四　呈核

(1)請購單上應詳細註明與廠商議定的買價條件

(2)買賣慣例超標者應註明

(3)現場選購較貴材料時，聯絡請購部門述明原因

(4)按核決許可權呈核

步驟五　訂購

⑴需預付定金，內外銷價需辦退稅、或規定多少金額以上或有附加條件等應制定買賣合約

⑵再向廠商確認價格、交貨期、品質條件

⑶分批交貨者在請購單上蓋分批交貨單

⑷請購單寄交廠商，無法按日期交貨的案件聯絡請購部門

步驟六　催交

⑴約交日期前應再確認交貨期

⑵無法於約交日期前交貨時聯絡請購部門並列入交貨期日常控制表內催辦

⑶已逾約交貨日期尚未交貨者加緊催交

步驟七　整理付款

⑴發票抬頭與內容是否相符

⑵發票金額與請購單價格是否相符

⑶是否有預付款或暫借款

⑷是否需要扣款

⑸需要將退稅的請購單轉告退稅部門

⑹以內銷價採購供外銷用材料，應先收齊退稅同意書

步驟八　收件、分發、核對

(1)收件

(2)按分配原則

(3)核對品名

(4)核對規格

(5)核對數量

(6)核對需要日期

採購作業是從收到「請購案件」開始進行分發採購案件，由採購經辦人員先核對請購內容，查閱「廠商資料」、「採購記錄」以及其他有關資料後，開始辦理詢價，在報價後，整理報價資料，擬訂議論方式及各種有利條件，進行議價，辦妥後，核決許可權，呈核訂購。

心得欄

61 供應商開發管理流程

　　企業要維持正常的生產運營，就必須有自己的合格供應商給自己提供各方面的需求資源，企業對資源來源的控制和管理，是企業保證為生產提供可靠資源的根本。通過對供應商的控制，使供應商提供符合品質要求、價格適宜的物料，保證生產的正常進行。

步驟一 收集廠商資料
　　根據材料的分類，收集生產各類物料的廠家，每類產品在 3～5 家，填寫在「廠商基本資料表」上。

步驟二 供應商調查
　　根據「廠商基本資料表」名單，採購部將「供應商調查表」傳真至供應商填寫。

步驟三 調查評估
　　根據反饋的調查表，將供應商按規模、生產能力等基本指標進行分類，按 ABC 物料採購金額的大小，由評估小組選派人員以「供應商調查表」所列標準進行實地調查。
　　所調查項目如實填報於調查表上，然後由評估小組進行綜合評估，將合格廠商分類按順序統計記錄。

步驟四　送樣或小批量試驗

調查合格的廠商可通知其送樣或小批量採購，送樣檢驗或試驗合格者即可正式列為「合格供應商名冊」，未合格者可列為候補序列。

從合格供應商中採購，財務付款時也應審核名單，非合格供應商者應向上級呈報。

步驟五　比價議價

對送樣或小批量合格的材料評定品質等級，並進行比價和議價，確定一個最優的性價比。

步驟六　供應商輔導

列入「合格供應商名冊」的供應商，企業應給予管理、技術、品管上的輔導。

步驟七　追蹤考核

每月對供應商的交期、交量、品質、售後服務等項目進行統計，並繪製成圖表。

每個季或半年進行綜合考核評分一次，按評分等級分成優秀、良好、一般、較差幾個等級。

步驟八　供應商篩選

對於較差的供應商，應予以淘汰，將其列入候補名單，重新評估。

對於一般的供應商，應減少採購量，並重點加以輔導。

對於優秀的供應商，應加大採購量。

步驟九　供應商開發權責和方式

1.供應商開發權責

⑴採購部負責供應商開發主導工作。

⑵開發部負責供應商樣品的確認。

⑶品管部、生技部、生管部、採購部組成廠商調查小組，負責供應商的調查評核。

2.供應商資信來源

新供應商資信來源一般有下列方式：

⑴各種採購指南。

⑵新聞傳播媒體，如電視、廣播、報紙等。

⑶各種產品發表會。

⑷各類產品展示（銷）會。

⑸行業協會。

⑹行業或政府的統計調查報告或刊物。

⑺同行或供應商介紹。

⑻公開徵詢。

⑼供應商主動聯絡。

⑽其他途徑。

步驟十　供應商問卷調查

1.問卷設計

問卷設計由採購部主導，品管、開發等部門協助。設計應依本企業需要設計內容及格式，應盡可能掌握、瞭解供應商的資信，易

於填寫，通俗易懂，便於整理。

2.供應商基本資料表

應由廠商填寫「供應商基本資料表」。該表包括下列內容：

⑴企業名稱、位址、電話、傳真、E-mail、網址、負責人。

⑵企業概況，如資本額、成立日期、佔地面積、營業額、銀行資訊。

⑶設備狀況。

⑷人力資源狀況。

⑸主要產品及原材料。

⑹主要客戶。

⑺其他必要事項。

3.供應商問卷調查表

供應商問卷調查表，一般包括的內容：材料零件確認、品質驗收與管制、採購合約、請款流程、售後服務、建議事項。

步驟十一 供應商開發流程

⑴尋找供應商。

⑵填寫「供應商基本資料表」。

⑶與供應商洽談。

⑷必要時作樣品鑑定。

⑸供應商問卷調查。

⑹提出供應商調查評核的申請。

62 供應商交貨管理流程

　　基本上，供應商的交貨是由供應商決定而非客戶隨意指定，但是卻能通過有效的管理方法來影響整個交期的長短。

步驟一　制定合理的購運時間

　　將請購、採購、賣方準備、運輸、檢驗等各項作業所需的時間，予以合理的規劃，避免造成供應商不能及時供貨等情況。

步驟二　加強銷售、生產及採購單位的聯繫

　　由於市場的狀況變化莫測，因此生產計劃若有調整的必要，必須徵詢採購部門的意見，以便對停止或減少送貨的數量、應追加或新訂的數量，作出正確的判斷，並盡速通知供應商，使其減少可能的損失。

步驟三　期中稽催，駐廠查驗

　　在生產過程中，請供應商提供生產計劃或工作日程表，以便在交貨之前查核進度，若有落後的情況，即促其改善；若已缺乏交貨能力，也可及時停止交易，另尋來源。因此，期中稽催的目的在於「亡羊補牢，為時未晚」。此外，為了避免交貨品質不良，影響到可用數量，對於重要物料應派員駐廠查驗，也可避免將來退貨的麻煩。

步驟四　　準備替代來源

供應不能如期交貨的原因很多，且有些是屬於不可抗力的，因此，採購人員應未雨綢繆，多聯繫其他來源，工程人員也應多尋找替代品，以備不時之需。

步驟五　　加重違約罰則

在簽訂買賣合約時，應加重違約罰款或解約責任，使供應商不敢心存僥倖；不過，若需求急迫時，應對如期交貨或提早交貨的廠商給予獎金，或較優厚的付款條件。

63 供應商評估考核流程

對供應商的選擇，直接關係著企業的經濟績效，對供應商的評估考核馬虎不得。

步驟一　　供應商資料收集及初評

採購主管主動開發且收集具有合作潛力的廠商相關資料，並記錄於「廠商資料卡」內。

採購經理根據「廠商資料卡」的內容評估其加工或接單能力，並參考以往業績及其在業界的風範等評定是否可列為開發或交易對象，不合格者予以淘汰。

步驟二　成立供應商評估小組

由總經理任組長，採購、品管、技術部門經理組成評估小組。

步驟三　索樣及試作訂單

經初評合格後，由採購主管通知供應商送樣或開立試作「訂購單」，呈經理核准後，通知送樣或試作，以利確定其接單能力，同時告知 IQC 主管。

步驟四　品質確認

試作加工後的產品均由 IQC 按「進貨檢驗與試驗控制程序」及「來料檢驗規範」的規定進一步確認產品品質，並做成記錄。

無形勞務由需求部門主管確認。

品質不合格由 IQC 部門通知採購部，再通知供應商送樣，重新確認其品質；若仍不合格，則予以淘汰。

步驟五　品質保證能力及生產能力調查

樣品確認合格後，由採購評估小組到供應商生產工廠進行現場調查其品質保證能力，並記錄於「供應商評估表」上，同時對其生產能力進行調查，並記錄於「生產能力調查表」中，以利確定其接單能力。

步驟六　詢議價

採購經理徵詢供應商的報價，採購主管同時收集有關同類產品價格資料，進行比價，有條件者可對供應商供應的產品進行估價，

掌握一定資料後,由採購評估小組召集供應商議價,使企業最終接受的是一個較合理的產品價格。

步驟七　簽訂採購協議

評估及價格合理者,由採購主管與供應商擬定「採購協議書」,再由經理簽名審批通過。

步驟八　登錄列管

經採購評估小組評估合格者,由副總經理核准並列入「合格供應商名冊」。

步驟九　供應商供貨情況考核與定期覆核

所有合格供應商每半年覆核一次,覆核時應由採購主管填寫「供應商考核表」,會同採購評估小組進行「價格」、「品質」、「交期交量」及「配合度」等方面的考核,且評定等級呈副總經理核定。

經覆核評定不合格者應由採購經理決定暫停或減少採購或外包數量,並通知該供應商進行改善,或由企業派員進行輔導。

採購部門人員追蹤評估供應商改善成效,成效不佳時視情況要求該供應商於展延期內改善,否則予以淘汰。

覆核合格者,可繼續登錄於「合格供應商名冊」內。

步驟十　記錄維護

覆核或評估供應商的記錄均應由各採購經辦部門按「品質記錄控制程序」的規定加以保存與維護。

64 初次供應商甄選流程

　　選擇合適而又滿意的供應商，要看其是否符合長短期兩個標準。短期標準有：商品品質合格、價格水準低、交貨及時、整體服務水準好。初期合格後，就要看其是否能保證長期穩定地供應。

步驟一 供應商初選流程

　　1.採購部經理按照供應商評審標準和記錄對供應商進行評審，對不符合標準的供應商要求整改，供應商必須在規定的時間內將整改報告交與採購部經理，如仍不合格則取消供應商的供貨資格。

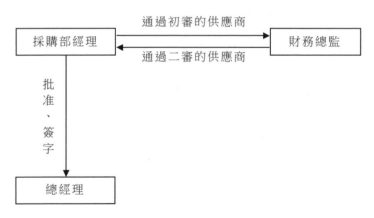

　　2.採購部經理將評審合格的供應商資料彙報給財務總監，財務總監對資料進行再次評審，然後再將資料下達給採購部經理。

3.採購部經理將二次評審的供應商資料送報給總經理,經總經理批准、簽字以後再交與採購部經理,然後進行供應商控制程序。

4.如供應商是代理商,可直接簽定品質保證協定,代理商應儘快提供證實其經銷產品的品質保證能力的資料。

5.供應商評審標準:

⑴任何合格的供應商必須具有良好的運作流程、規範的行為準則制度。

⑵供應商應遵守公司制定的供應商的行為準則。

⑶供應商必須遵守供應合約條款,按照規定的數量、品質、貨期及市場上的優惠價格供貨。

⑷在日常的供應過程中,供應商應該使用正確的方法保證貨物的供應,禁止使用不正當手段。

⑸供應商應具備良好的售後服務意識。

⑹供應商應具備良好的品質改進意識。

⑺供應商應具備良好的供應風險意識。

⑻供應商應具備良好的人際溝通能力。

⑼供應商應與公司簽定保密協議。

步驟二　供應商初審流程

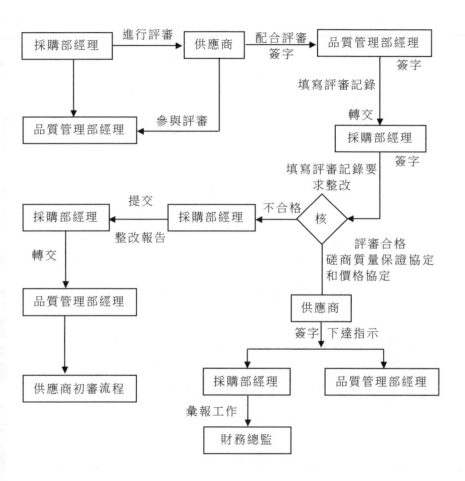

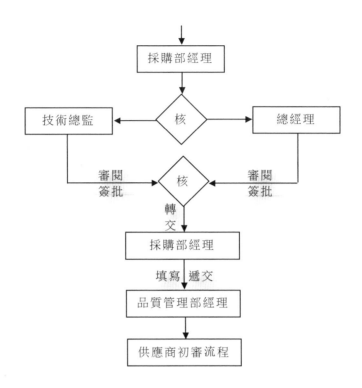

1.採購部經理會同品質管理部經理按照供應商評審記錄對供應
商進行評審,對每項得分少於 2 分或總分少於 70 分的供應商要求整
改,供應商必須在 15 天內將整改報告交與採購部經理,由其轉交品
質保證部經理重新進行品質評審,如仍不合格則取消供應商的供貨
資格。

2.如供應商是代理商,可直接簽訂品質保證協定和價格協定。
代理商應儘量提供證實其經銷產品的品質保證能力資料。

3.品質保證協議中規定供應商應提供自檢報告、合格證明、供
應商配合驗證保證準時供貨等內容;價格協議中規定供貨價格。品

質保證協定由品質管理部負責簽訂，價格協議由採購部負責簽訂。

4.關鍵物資報總經理批准，重要物資和一般物資報技術總監批准。

5.附表：供應商評審記錄、供應商品質保證能力評審報告、供應商名單。

步驟三 **供應商選點流程**

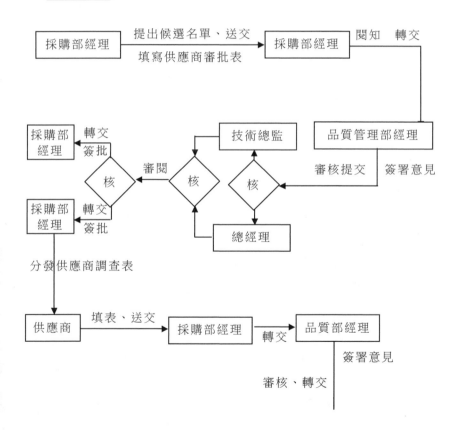

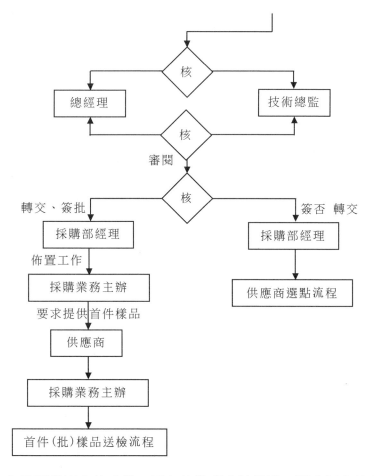

1. 候選供應商的時機：原有的供應商被撤點；開發新產品和技術改進需用新物資；新供應商的物品更加物美價廉。

2. 在供應商選點流程中，要貫徹擇優選點的原則，對供應商進行品質保證能力評定，並對供應商實行動態控制，以確保原材料和零件的品質。

65 採購議價流程

採購議價即在採購商品時的價格是雙方商談議價產生的,利用說服的談判方式,讓賣方同意買方的要求(最適合的品質、成本、價格及付款方式、交貨時間及數量等)。

步驟一　對供應商進行篩選

成立評選小組,決定評審項目後,再將合格廠商加以分類、分級。

步驟二　編制底價與預算

議價之前,採購人員應先確立擬購物品的規格與等級,並就財務負擔能力加以考慮,定出打算支付給供應商的最高價格,以便在議價之時能對「討價」加以適當的「還價」。

步驟三　提供成本分析表或報價單

應請供應商提供報價單,以便詳細核對內容,將來擬購項目若有增減,也可據之重新核算價格;而交貨時,也應定有客觀的驗收標準。

對於巨額的訂制物品或工程,另請供應廠商提供詳細的成本分析表,以瞭解報價是否合理。

步驟四　審查、比較報價內容

在議價之前，採購人員應審查報價單的內容有無錯誤，避免造成將來交貨的紛爭。

將不同供應商的報價基礎加以統一，以免發生不公平的現象。

步驟五　瞭解優惠條件

有時供應商對長期交易的客戶會提供數量折扣。

對於能以現金支付的貨款，會給予現金折扣。

對於整批機器的訂購，附贈備用零件或免費安裝。

步驟六　議定最終價格

依各供應廠商的報價單，找出總價最低者，與該供應商進行商談，議定最終價格。

步驟七　簽訂採購合約

與合作供應商簽訂採購合約。

66 物料採購管理辦法

步驟一 **請購單**

1.請購應按照存量管制基準、用料預算,並參考庫存情形開立請購單,逐項註明材料名稱、規格、數量、需求日期及注意事項,經本單位主管審核後按規定逐級審核並編號,最後送採購部門。

2.來源與需用日期相同的物品材料,可以一單多品方式提出請購。

3.特殊情況需按緊急請購辦理時,可在「請購單」「備註」欄註明原因,以急件遞送。

4.總務用品由物管部門按月實際耗用狀況,並考慮庫存條件,填具「請購單」辦理請購。

5.以下總務性物品可免開清單,而以「總務用品申請單」委託總務部門辦理,例如:賀奠用物品、招待用品、書報、名片、文具、報表等,以及小額採購的材料。

步驟二 **批准許可權**

按請購批准許可權規定辦理。

步驟三 **採購規定**

1.內購由國內採購部門負責辦理,外購由國外採購部門負責辦理,其進口事務由業務部門辦理。採購重要材料應由總經理或經理

直接與供應商或代理商議價。對於專項用料，必要時由經理或總經理指派專人或指定部門協助辦理採購。

2.採購部門應按材料使用及採購特性，選擇最有利的方式進行採購。

⑴集中計劃採購：對具有共同性的材料，應集中計劃辦理採購。核定材料項目，通知各請購部門提出請購計劃，報採購部門定期集中辦理。

⑵長期報價採購：凡經常使用，且使用量較大的材料，採購部門應事先選定廠商，議定長期供應價格。報批後通知各請購部門按需提出請購。

3.採購部門應按採購地區、材料特性及市場供需狀況，分類劃定材料採購作業期限，並通知各有關部門。

步驟四 　國內採購作業

1. 價格

⑴採購人員接「請購單（內購）」後應按請購事項的緩急，並參考市場行情、過去採購記錄或廠方提供的報價，精選三家以上供應商進行價格對比。

⑵如果報價規格與請購單位的要求略有不同或屬代用品，採購人員應檢附有關資料並於「請購單」上予以註明，報經主管核發，並轉使用部門或請購部門簽註意見。

⑶屬於慣例超交者（例如最低採購量超過請購量），採購人員應在議價後，在請購單「詢價記錄欄」中註明，報主管核簽。

⑷對於廠商報價資料，經辦人員應深入整理分析，並以電話等方式向廠方議價。

⑸採購部門接到請購部門緊急採購口頭要求，主管應立即指定經辦人員先做詢價、議價，待接到請購單後，按一般採購程序優先辦理。

2.呈批

⑴詢價完成後採購經辦人員應在「請購單」內詳填詢價或議價結果，擬訂「訂購廠商」。「交貨期限」與「報價有效期限」，經主管核批，並按採購審批許可權呈批。

⑵採購審批許可權。（略）

3.訂購

⑴採購經辦人員接到已經審批的「請購單」後應向廠方寄發「訂購單」，並以電話確定交貨日期，要求供應方在「送貨車」上註明「請購單編號」及「包裝方式」。

⑵分批交貨時，採購人員應在「請購單」上加蓋「分批交貨」章以便識別。

⑶採購人員使用暫借款採購時，應在「請購單」上加蓋「暫借款採購」章，以便識別。

4.進度控制

⑴國內採購部門可分為詢價、訂購、交貨三個階段，依靠「採購進度控制表」控制採購作業進度。

⑵採購人員未能按既定進度完成採購時，應填制「採購交貨延遲情況表」，並註明「異常原因」及「預定完成日期」，經主管批示後轉送請購部門，與請購部門共同擬訂處理對策。

5.單據整理及付款

⑴來貨收到以後，物管部門應將「請購單」連同「材料檢驗報告表」（其免填「材料檢驗報告表」部份，應於收料單加蓋「免填材

料檢驗報告表」章）送採購部門與票據核對。確認無誤後，送會計部門。會計部門應於結帳前，辦妥付款手續。如屬分批收料，「請購單（內購）」中的會計聯須於第一批收料後送會計部門。

(2)內購材料須待試車檢驗者，其訂有合約部份，按合約規定辦理付款，未訂合約部份，按採購部門報批的付款條件整理付款。

(3)短交待補足者，請購部門應依照實收數量，進行整理付款。

(4)超交應經主管批示方可按照實收數量進行整理付款，否則仍按原訂貨數付款。

步驟五 　國外採購作業

1. 價格

(1)外購部門按照「請購單（外購）」需求急緩加以整理，依據供應商報價，並參考市場行情及過去詢價記錄，以電話（傳真）方式向三家以上供應商詢價。特殊情形（例如獨家製造或代理等原因）下除外，但應於「請購單（外購）」上註明。在此基礎上進行比價、分析、議價。

(2)請購材料規範較複雜時，外購部門應附上各供應商所報的材料主要規範並簽註意見，再轉請購部門確認。

2. 呈批

(1)比、議價完成後，由外購部門填具「請購單（外購 B）」，擬訂「訂購廠家」、「預定裝運日期」等，連同廠方報價，送請購部門按採購審批程序報批。

(2)核決許可權

①採購金額在 80000 元以下者由部門經理核決。

②採購金額超過 80000 元者由總經理核決。

⑶採購項目經審批後又發生採購數量、金額等變更，請購部門須按新的情況所要求程序重新報批。但若更改後的審批許可權低於原審批許可權時仍按原程序報批。

3.訂購

⑴「請購單（外購）」經報批轉回外購部門後，即向供應商訂購並辦理各項手續。

⑵如需與供應商簽訂長期合約，外購部門應將簽呈和代擬的長期合約書，按採購審批程序報批後辦理。

4.進度控制

⑴外購部門依照「請購單（外購）」及「採購控制表」控制外購作業進度。

⑵外購部門在每一作業進度延遲時，應主動開具「進度異常反應單」，記明異常原因及處理對策，憑以修訂進度並通知請購部門。

⑶外購部門一旦發現外購「裝船日期」有延遲時，即應主動與供應商聯繫催交，並開具「進度異常反應單」記明異常原因及處理對策，通知請購部門，並按請購部門意見辦理。

步驟六　價格品質覆核

1.價格覆核

⑴採購部門應經常調查主要材料市場行情，建立供應商資料，作為採購及價格審核的參考。

⑵採購部門應對公司內各公司事業部所列重要材料提供市場行情資料，作為材料存量管理及核決價格的參考。

2.品質覆核

採購單位應對公司內所使用的材料品質予以覆核，並形成完整

資料備查。

3.異常處理

審查作業中若發現異常情形，採購單位審查部門應立即填寫「採購事務意見反應處理」表」（或附書面報告），通知有關部門處理。

67 物料採購作業實施細則

[步驟一] 採購要求

為使採購作業有章可循，以最好的效益向各部門提供材料、物品需求，特制定本細則。

1.採購對象：採購前對廠方材料品質、性能、供應商報價水準、交貨期限、售後服務等作出評價，以供選擇時參考。

2.價格品質：以合理價格購取較高品質材料。

3.時限：配合使用部門需要日及需要量，聯絡廠方即時供應。

[步驟二] 採購方式

採購部門應視材料使用狀況、用量、採購頻率、市場供需狀況、交易習慣及價格穩定性等因素，選擇最有利的採購作業方式辦理採購作業。

1.定期契約採購：對於經常使用且生產過程中不可一時或缺的或經常使用且市價穩定的材料。可選用本方式辦理。

2.特約廠商採購：對於用量、費用不太高的單項材料，可簡化

採購作業,由採購部門擇定特約廠商,介紹使用部門逕向該廠洽購。但在付款前應送採購部門審核,不高於市價時予以付款。

3.一般採購:不適用於前述採購方式者可按本方式採購,程序如下:

採購部門按請購部門提出的請購單,逐筆詢價、議價,並瞭解交易條件後再行訂購。

步驟三　採購期限

1.採購部門應按照請購部門提出的「需要日」辦理採購。為達到這一要求,掌握適當採購時機,採購部門應召集有關部門按材料特性、採購地區及市場供需狀況等擬訂各項材料採購作業處理期限,呈總經理核准後公佈實施。原則上應以供貨合約內記明的交貨期限為準,加計請購呈批及驗收所需時間。

2.原訂採購作業處理期限變更時,採購部門應專函報告具體原因,呈總經理核准後,通知各有關單位,以利於存量管制及適時提出請購。

步驟四　採購許可權

1.特定廠家採購項目由廠長核批,涉及資金超過××萬元者至經理及總經理核批。

2.定期契約採購和一般採購由總經理核批。

步驟五　供應廠商

1.各項材料的供應商至少應有 3 家(獨家供應或總代理等特殊情況下除外),各家背景及交易資料應記載於「供應廠商資料卡」存

檔備用。對於未達本公司標準的材料，採購部門應開發新供應商，或報送主管部門擬訂開發計劃。

2.新供應商的開發，由生產管理部門會同採購人員實地考察生產設備、技術流程、生產能力、產品品質等以後，填制供應廠商資料卡（若由於採購時效而由採購人員自行開發，則由採購人員填制）呈總經理核准後，列為備選廠商。

3.對於交貨品質不良、無法按期交貨或停止營業的供應商應予撤銷設定。屆時由採購部門以簽呈方式說明原因，送生產管理部門覆查，並呈總經理核准後，通知對方。

步驟六　詢價

1.採購部門收件人員收到「請購單」或「外購單」時，即加蓋收件章，轉採購經辦人員辦理詢價作業。

2.各採購經辦人員收到「請購單」或「外購單」，應先判斷請購材料品名、規格、需求日期、數量等是否填寫明確，有無供應廠商報價。對於資料填寫不全或規格欠詳者，註明「填單異常，說明欠詳」等字樣後退請購部門修訂。

3.詢價程序如下：

⑴由採購經辦人員參考過去採購記錄或供應廠商資料擬訂至少三家詢價對象（特殊原因如獨家製造，獨家代理、原廠牌零配件無法替代等並報經主管核准者除外），並填記於「請購單」。

⑵對於加工契約採購項目，採購部門應要求廠商填具「成本分析表」連同報價單一併送來，作為議價參考。

⑶採購經辦人員詢價時，應將詢價截止日期填註於「請購單」內以通知供應廠商。

⑷採購經辦人員於通知廠商報價後,應立即跟催進度。

4.詢價完成後,採購助理人員應將詢價、報價的全部資料整理報送採購經辦人員,據以議價。

5.若報價材料規格較複雜或與請購規格不盡相同,採購助理人員可將全部資料填制「採購事務徵詢單」,連同有關報價資料送請購部門簽註意見。簽註完成後送採購經辦人員按請購部門意見處理,必要時重新詢價。

步驟七 議價

1.採購經辦人員收到不需會簽或已會簽完成的詢、報價資料時,應結合會簽結果、各廠商報價,查閱前購記錄及供應商資料卡、市場行情,經成本分析後,擬訂議價對象、議價策略及擬購底價(並報告有關主管),憑以進行議價作業。

2.議價要點

⑴議價時除注意品質、價格外,還應注意交期有無保證,能夠向廠商爭取分期付款等。

⑵議價後可採用面談、通信等多種形式進行。議價完成後,由採購經辦人員擬訂合作對象,呈請核批。

步驟八 訂購

1.由採購經辦人員於「請購單」上填記訂購日及大約交期日,再交由採購助理人員填制採購聯絡函,寄送廠商。將「請購單」第二聯送材料庫待收料。

2.預付定金或採購金額較大,或有附帶條件的採購項目,採購經辦人員應先與廠商簽訂買賣合約書。合約書正本兩份,一份存採

購部門，一份存供應廠商；副本若干，分存請購部門、收料部門、會計部門及供應廠商。

3.以外銷價購買，而廠商要求訂約時，合約書除按前項分存各有關部門外，副本另需分送退稅部門兩份，以提示退稅部門提供出口證明文件。

步驟九　特殊情況的處理

1.請購項目的撤銷：各採購經辦人員收到原請購部門送來的「撤銷請購單」後按下列方式辦理。

⑴若原請購項目尚未辦理，由採購經辦人員在原請購單據上加蓋「撤銷」章，再交由採購助理人員將原請購單與「撤銷請購單」第二聯退原請購部門，第一聯自存，按一般請購單據存檔方式處理。

⑵若原請購項目已向廠商訂購，由採購經辦人員與供應廠商接洽撤銷訂購，經供應廠商同意撤銷後，向供應廠商取回採購聯絡函，依第一項方式辦理。若供應廠商堅持不能撤銷，採購經辦人員應於撤銷請購單上註明原因，呈總經理核簽後，由採購助理人員將撤銷請購單寄回原請購部門。

2.緊急請購：採購經辦人員接到緊急請購通知，應即查明請購材料名稱、規格、數量、請購單號及交貨地點等資料，並即以電話詢議價格，待收到正式請購單時，補入詢議價結果，按急件方式處理。

3.交貨品質異常：各採購經辦人員收到資材部門驗收不合格的「材料檢驗報告表」時，應儘快與供應廠商交涉扣款、退貨、換貨等事宜，並將交涉結果記錄於「材料檢驗報告表」的「採購處理結果」欄內，並呈總經理核簽後，送回材料庫。

⑴對於需退料、換料或補交者，採購經辦人員應於「材料檢驗報告表」的「採購處理結果」欄內註明廠商電話及預定的處理日期。

⑵因品質不合格而退貨換料，可按逾期交貨處理。而逾期日數應從採購經辦人員通知廠商換料的次日起計算。

⑶採購經辦人員如未能按請購部門意見處理時，應將與廠商交涉結果記入採購處理結果欄。送原請購部門簽註意見，或會同原請購部門共同處理。

⑷交期延遲罰扣處理：採購助理人員收到交貨延遲（本地廠商延交 3 日、外埠廠商延交 5 日以內可不按延遲論）或統一票據逾 7 天未送資料的擬整理付款事務時，應按下列方式處理：

①計算逾期罰扣金額（定期契約採購按每天 5‰ 計扣，定有買賣合約者按合約所訂比例計扣，其餘按每天 3‰ 計扣），並通知廠商罰扣原因與金額，使之立即補送票據，憑以整理付款。

②在廠方同意扣款或補足票據時，由採購助理人員於收料單及票據上填記實付金額或票據號碼，呈總經理核簽後，連同原「請購單」第二聯、收料單、材料檢驗報告表等資料，送會計部門整理付款。

③如廠方不同意按第一方式扣款，採購經辦人員應繼續與廠商交涉，並呈董事長核決後按第二項方式處理。

4.屬買賣慣例或配合最小包裝量需超支交者，採購經辦人員應於「請購單」採購記錄欄內註明，以作為材料庫收料依據。

5.以暫借款採購，採購經辦人員應在「請購單」採購記錄欄內加蓋「採購部門整理付款章」，以免會計部門重覆付款。

步驟十　採購作業進度控制

1.採購經辦人員對於每一採購項目均應根據需要確定作業進度管制點，預定作業進度。

2.預定作業進度應能配合請購項目緩急，且各作業進度須在預定日期前完成。

3.對於未能在預定日期前完成的採購項目，採購經辦人員會同請購部門研究處理對策。

步驟十一　價格變動的處理

1.外銷產品原材料價格變動時，採購部門應即通知外銷部門重新審理產品報價水準，避免不當損失。

2.採購部門應於奇數月 5 日前，核算各種材料價格變動情形，填具「主要原材料價格波動月報表」呈總經理核批次處理。

68 商品進料驗收管理辦法

步驟一　待收料

物料管理人員在接到採購部門轉來已核准的「採購單」時，按供應商、物料別及交貨日期分別依序排列存檔，並於交貨前安排存放的庫位以便收料作業。

步驟二 收料

1.內購收料

⑴材料進廠後，收料人員必須依「採購單」的內容，並核對供應商送來的物料名稱、規格、數量和送貨單及票據並清點數量無誤後，將到貨日期及實收數量填記於「請購單」內，辦理收料。

⑵如發現所送來的材料與「採購單」上所核准的內容不符時，應即時通知採購處理，並通知主管，原則上非「採購單」上所核准的材料不予接受，如採購部門要求收下該等材料時，收料人員應告知主管，並於單據上註明實際收料狀況，並會簽採購部門。

2.外購收料

⑴材料進廠後，物料管理收料人員即會同檢驗單位依「裝箱單」及「採購單」開櫃（箱）核對材料名稱、規格並清點數量，並將到貨日期及實收數量填於「採購單」。

⑵開櫃（箱）後，如發覺所裝載的材料與「裝箱單」或「採購單」所記載的內容不同時，通知辦理進口人員及採購部門處理。

⑶發現所裝載的物料有傾覆、破損、變質、受潮等異常時，經初步計算損失將超過 5000 元以上者（含），收料人員應及時通知採購人員聯絡公證處前來公證或通知代理商前來處理，並盡可能維持異狀態以利公證作業，如未超過 5000 元者，則依實際的數量辦理收料，並於「採購單」上註明損失數量及情況。

⑷對於由公證或代理商確認後，物料管理收料人員開立「索賠處理單」呈主管核示後，送會計部門及採購部門督促辦理。

步驟三　材料待驗

進廠待驗的材料，必須於物品的外包裝上貼示材料標籤並詳細註明料號、品名規格、數量及入廠日期，且與已檢驗者分開儲存，並規劃「待驗區」以為區分。收料後，收料人員應將每日所收料品匯總填入「進貨日報表」作為入帳銷單的依據。

步驟四　超交處理

交貨數量超過「訂購量」部份應予退回，但屬買賣慣例，以重量或長度計算的材料，其超交量在 3%（含）以下，由物料管理部門在收料時，在備註欄註明超交數量，經請購部門主管（科長含）同意後，始得收料，並通知採購人員。

步驟五　短交處理

交貨數量未達訂購數量時，以補足為原則，但經請購部門主管（科長含）同意，可免補交，短交如需補足時，物料管理部門應通知採購部門聯絡供應商處理。

步驟六　急用品收料

緊急材料於廠商交貨時，若物料管理部門尚未收到「請購單」時，收料人員應先洽詢採購部門，確認無誤後，始得依收料作業辦理。

步驟七　材料驗收規範

為利於材料檢驗收料作業，品質管理部門應就材料重要性及特

性等,適時召集使用部門及其他有關部門,依所需的材料品質研擬「材料驗收規範」,呈總經理核准後公佈實施,以為採購及驗收的依據。

步驟八　材料檢驗結果的處理

1.檢驗合格的材料,檢驗人員在外包裝上貼合格標籤,以示區別,物料管理人員再將合格品入庫定位。

2.不合驗收標準的材料,檢驗人員在物品包裝上貼不合格的標籤,並於「材料檢驗報告表」上註明不良原因,經主管核示處理對策並轉採購部門處理及通知請購單位,再送回物料管理憑此辦理退貨。

步驟九　退貨作業

對於檢驗不合格的材料退貨時,應開立「材料交運單」並檢附有關的「材料檢驗報告表」呈主管簽認後,憑以異常材料出廠。

69 商品存儲管理重點

倉庫管理實際上就是商品存儲空間的管理,重點應注意出入庫驗收和發放、定位管理以及分類管理,這樣既減少了搬運次數,同時提高了作業效率。

步驟一　商品入庫驗收

　　商品入庫工作，必須經過接收、搬卸、裝運、檢查包裝、點清數量、驗收品質、物品堆碼、辦理交接手續和記帳手續等一系列的操作過程，要求在一定的時間內，迅速地、準確地完成。除了要切實做好商品入庫前的各項準備工作之外，還必須按照一定的合理的具體操作程序來組織好人庫作業。這套程序是：入庫接運、核對入庫憑證、大數點收、檢查包裝、辦理交接手續、物品驗收、辦理物品入庫手續。

1. 商品接運

　　商品接運必須熟悉交通運輸部門及有關供貨單位的制度和要求，根據不同的接運方式，處理接運中的各種問題。接運工作全部完成後，所有的接運資料，如接運記錄、運單、運輸普通記錄、貨運記錄、損耗報告單、交接證以及索賠單和文件、提貨通知單均應分類輸入電腦系統以備覆查。

2. 核對憑證

　　商品運抵倉庫後，倉庫收貨人員首先要檢驗物品入庫憑證，然後按物品入庫憑證所列的收貨單位、貨物名稱、規格數量等具體內容，與物品各項標誌核對。如發現送錯，應拒收退回；一時無法退回的，應進行清點並另行存放，然後做好記錄，待聯繫後再處理。經覆核查對無誤後，即可進行下一道工序。

3. 大數點收

　　大數點收，是按照商品的大件包裝（即運輸包裝）進行數量清點：一是逐件點數計總；二是集中堆碼點數。

　　逐件點數，如靠人工點記則費力易錯，可採用簡易計算器，計

數累計以得總數。對於花色品種單一，包裝大小一致，數量大或體積較小的物品，宜於用集中堆碼點數法，即入庫的商品堆成固定的垛形（或置於固定容量的貨架），排列整齊，每層、每行件數一致，一批商品進庫完畢，貨位每層（橫列）的件數其頂層的件數往往是零頭，與以下各層的數不一樣，這是要注意的，以免由於統一統計，而產生差錯。

4.檢查包裝

在大數點收的同時，對每件商品的包裝和標誌要進行認真的查看。檢查包裝是否完整、牢固，有無破損、受潮、水漬、油污等異狀。如果發現異狀包裝，必須單獨存放，並打開包裝詳細檢查內部物品有無短缺、破損和變質。逐一查看包裝標誌，目的在於防止不同物品混入，避免差錯，並根據標誌指示操作確保入庫儲存安全。

5.辦理交接手續

入庫商品經過上述工序，就可以與接貨人員辦理商品交接手續。交接手續通常由倉庫收貨人員在送貨回單上簽名蓋章表示商品收訖。發現差錯、破損等情形，必須在送貨單上詳細註明或由接貨人員出具記錄，詳細寫明差錯的數量、破損情況等，以便與運輸部門分清責任，並作為查詢處理的依據。

6.商品驗收

在辦完交接手續後，倉庫要對入庫的商品做全面的認真細緻的驗收，包括開箱、拆包、檢驗物品的品質和細數。

7.辦理物品入庫手續

物品驗收後，由保管員或收貨員根據驗收結果，在商品入庫單上簽收。同時將物品存放的庫房（貨場）、貨位編號批註在入庫單上，以便記帳、查貨和發貨。經過覆核簽收的多聯入庫單，除保管人員

存一聯備查，帳務員留一聯登記物品帳外，其餘各聯退送貨主，作為存貨的憑證。商品入庫手續包括：登帳、立卡、建檔。

步驟二　商品出庫發放

　　商品出庫業務管理，是倉庫根據出庫憑證，將所需商品發放給需用單位所進行的各項業務管理。商品出庫作業的開始，標誌著保管養護業務的結束。商品出庫業務管理有兩方面的工作：一是用料單位沒有規定的領料憑證，如領料單、提貨單、調撥單等，並且所領物品的品種、規格、型號、數量等項目及提取貨物的方式等必須書寫清楚、準確。二是倉庫方面，必須核查領料憑證的正誤，按所列商品的品種、規格、型號、數量等項目組織備料，並保證把商品及時、準確、完好的發放出去。

1.商品出庫前準備

　　商品出庫前的準備工作分為兩方面：一方面是計劃工作，就是根據需貨方提出的出庫計劃或要求，事先做好商品出庫的安排，包括貨場貨位、機械搬運設備、工具和作業人員等的計劃、組織；另一方面要做好出庫商品的包裝和塗寫標誌工作。

2.核對出庫憑證

　　倉庫接到出庫憑證後，由業務部門審核證件上的印簽是否齊全相符，有無塗改。審核無誤後，按照出庫單證上所列的物品品名規格、數量與倉庫料帳再做全面核對。無誤後，在料帳上填寫預撥數後，將出庫憑證移交給倉庫保管人員。保管員覆核料卡無誤後，即可做物品出庫的準備工作，包括準備隨貨出庫的物品技術證件、合格證、使用說明書、品質檢驗證書等。

　　凡在證件核對中，有物品名稱、規格型號不對的，印簽不齊全、

數量有塗改、手續不符合要求的,均不能發料出庫。

3.備料出庫

商品保管人員按照出庫憑證上的品名、規格查對實物保管卡,注意規格、批次和數量,規定有發貨批次的,按規定批次發貨,未規定批次的,按先進先出、推陳「儲」新等原則,確定應發貨的垛位。

4.全面覆核查對

貨物備好後,為了避免和防止備料過程中可能出現的差錯,應再做一次全面的覆核查對。要按照出庫憑證上所列的內容進行逐項覆核。

⑴商品品名、規格是否相符。

⑵商品數量是否準確無誤。

⑶出庫商品應附的技術證件和各種憑證是否齊全。

⑷包裝品質如何,是否牢固、安全,是否適於運輸要求等。

5.交接清點

備料出庫商品,經過全面覆核查對無誤之後,即可辦理清點交接手續。

如果是用戶自提方式,即將商品和證件向提貨人當面點清,辦理交接手續。如果是代運方式,則應辦理內部交接手續。即由物品保管人員向運輸人員或包裝部門的人員點清交接,由接收入簽章,以劃清責任。

步驟三 商品的存儲與保管

1.儲區的標示與規劃

所有入庫的材料均需標清楚並放置在指定的區域。並根據物

料、產品的特性（大小、規格、體積）統一規劃存放區域。

2.儲區的環境管理

為確保物料不變質，儲存區應保持通風狀況，地面保持乾淨、料架清潔，定期打掃環境衛生，垃圾及時清除。

3.儲存期限管理

為確保物料先進先出，各倉庫根據物料的特性制定儲存期限，過期材料如需利用時，則必須先檢驗是否合格後，方可利用。化學物品根據分包商出廠標籤管制其儲存期限，如過期則由採購出面，請分包商幫忙處理。

4.儲區安全管理

⑴加強消防器材的保養、清潔及維護，消防設備區域不得堵塞。

⑵物料堆放不得靠近電源插座，通道保持暢通。

⑶物料包裝完整且做好防塵工作，倉管員每天下班須關閉電源、鎖好門窗。

⑷物料不得直接置放於地面上（如一時因週轉有限，原則上堆放期間不能超過一週），避免受潮而變質。

⑸庫房內嚴禁煙火，應保持整潔、乾淨、通風。

⑹易燃物、易爆物儲存時須單獨隔離倉庫。

⑺物料堆放高度應適當（與燈具垂直正下方距離不小於 0.5米）、安全，以免崩落傷人。

⑻物料儲存不得阻礙通道通行及妨礙機械設備操作。

⑼物料儲存不得阻礙滅火器的使用或阻礙安全出入口、電器開關等。

⑽堆積的物料不得從下部抽出移動。

⑾應對有使用期限的物料標示其使用期限，注意先出，並應於

期限內使用完畢。

⑿物料若無法儲存於室內時，則應於物料上加蓋帆布等防雨設施，以防止雨淋造成物料損壞或污染環境。

5.正常生產發料

生產部在領料前一天將「配置單」及「批號領料匯總表」下達給倉庫主管，倉庫主管根據上述資料安排倉管員進行材料確認及備料工作。如有異常應立即通知生管人員及採購人員。

各工廠領料人員按生產計劃至倉庫進行領料作業，如屬易混淆的物料，應攜帶技術部所確認的樣品進行核對，可能產生色差的物料應按廠家生產批號或其他標示進行區分。雙方確認數量無誤後，將結果記入「批號領料匯總表」。

發料時如遇非整包裝的領料，應先將零星物料發掉，保持同一種物料在倉庫最多只有一個尾數包裝。

6.非正常生產領料

開發用料、品管實驗、樣品製作、生產消耗等非正常領料按領料單進行作業，其中因生產消耗引起的領料應結合「材料不良申報表」一起使用。

7.退料

各部門分發的物料，如因領錯或損耗估計過高而出現結餘，在保證物料的使用性能的前提下，應及時開具「退料單」將材料退回倉庫。

8.領用材料不良處理

生產工廠針對領用材料不良，應分析具體原因，並以「材料不良申報表」申報，經品管部進行原因確認後，轉生管部簽署處理意見，對於須退回供應商部份，倉庫應予以接收並區別放置，明顯標

示，不得重覆領用。

9.做帳

資材倉管員應及時傳遞各種出入庫單據，並於當日下班前依進出庫單據做好「實物保管帳」，倉庫主管依據每日生產進度及物料狀況，有欠料時於每日上午 10：00 前做出「資材欠料狀況表」分發給採購主管和生產主管各一份。

倉庫主管應對「資材欠料狀況表」的處理結果進行跟蹤督促，以免延遲生產供料計劃的執行：

⑴當該批產品無法按生產計劃供料時，倉庫主管立即向部門經理報告並跟蹤處理意見。

⑵部門經理應立即向相關部門聯繫制訂應急計劃，必要時報告總經理，以便督促及時處理。

10.異常處理

如客戶取消訂單或材質更改造成呆料，則倉庫主管須在接到營業通知後的 6 小時內做出「客戶訂單取消入庫材料申報表」，交採購和財務部門計算賠償金額，請營業經理或總經理向客戶索賠。

11.原材料盤點

⑴倉庫主管、資材主管應不定期對倉管員的帳物合一狀況進行抽檢，以確保倉管員按規範進行操作。

⑵材料會計應在每月月底組織倉庫進行物料小盤點，對部份物料進行盤點，倉庫須全力配合其要求進行物料數量清點，並將結果計如「××月份盤點表」，並對差異原因進行檢討。

⑶財務部每年應選擇生產淡季進行年度物料盤點，對所有物料庫存進行徹底清查。原則上定於 6 月份進行，屆時應制訂詳盡計劃，對收發料截止、盤點分工、報表提交、差異追蹤等作出明確規定。

70 商品驗收入庫管理制度

步驟一　成品繳庫方式

⑴繳庫部門開立「進倉明細表」一式二聯，連同繳庫品送至物料管理科經收貨人員簽收並存放於指定庫位後，第一聯送回繳庫部門存查，第二聯由收貨人員持回憑以核對「成品繳庫單」。

⑵繳庫部門按當日的「進倉明細表」匯總開立「成品繳庫單」，送物料管理科核對簽認後第一聯送會計部門，第二聯送物料管理科據以轉記「成品庫存日（月）表」，第三聯送回繳庫部門。

⑶收貨注意事項

物料管理科應就繳庫內容與成品繳庫單的內容確實核對，如發現繳庫原因代號、品名、規格、產品繳號數量、包裝或噴頭等不符時，應即時通知繳庫部門更正。

步驟二　商品入庫

⑴保管員要親自同交貨人辦理交接手續，核對清點物品名稱、數量是否一致，按物品交接本上的要求簽字，應當認識簽收是責任的轉移。

⑵商品入庫，應先入待驗區，未經檢驗合格不准進入貨位，更不准投入使用。

步驟三　材料驗收

⑴材料驗收合格，保管員憑票據所開列的名稱、規格型號、數量、計量驗收就位，入庫單各欄應填寫清楚，並隨同托收單交財務科記帳。

⑵不合格品，應隔離堆放，嚴禁投產使用。如，由於工作馬虎而將不良品混入生產，保管員應負失職的責任。

⑶驗收中發現的問題，要及時通知科長和經辦人處理。托收到而貨未到，或貨已到而無票據，均應向經辦人反映查詢，直至消除懸事掛帳。

71 商品庫房規劃管理制度

步驟一　分類管理

商品及物品應按大類分別管理，本公司倉庫由財務部負責管理。

步驟二　設立倉管員職責

倉庫要設立倉管員職責，保管所管商品、物品，記商品、物品明細帳，驗收進倉商品、物品和出倉商品、物品的發貨。

步驟三　先進先出

存倉商品、物品要貫徹執行「先進先出，定期每季翻堆」的倉

庫管理規定。

步驟四　合理使用倉容

要節約倉容，合理使用倉容，重載商品和物品與輕拋商品和物品不得混堆，有揮發性商品和物品不得與吸潮商品和物品混堆。

步驟五　按固定堆位存儲

倉庫對進倉儲存的商品和物品，必須按固定堆位存儲，並編列堆號，在每個堆位存放商品或物品的貨位上設「進、出存貨卡」；凡出入倉商品及物品，應於當天在貨卡登記，並結出存貨數，以便與商品、物品明細帳對口。

步驟六　做到「三對口」

存倉商品及物品必須做到「三對口」，即存倉商品、物品與貨卡相符，貨卡結存數與商品、物品明細帳餘額相符，每月末倉管員應根據商品、物品明細帳記錄的收、付發生額和餘額數字，編制「進、銷、調、存月報表」，分送財務部、生產部和各採購部門，並辦理結帳手續，每季盤點一次，並向財務部報送盤點表。

步驟七　經常檢查

倉管員對所保管的商品和物品，應經常檢查，對滯存在倉庫時間較長的商品和物品，要主動向業務部門反映滯存情況，對倉庫商品及物品，發現黴變、破損或超保管期限者，應及時提出處理意見，並填列「商品、物品殘損（黴變）處理報告書」或「超期商品、物品報告表」，送交業務部門和財務部門各一份，以便有關部門會同財

務部及時研究作出處理意見。

72 庫存位置規劃管理辦法

步驟一　庫位規劃與配置

1.物料管理科應依成品繳出庫情況、包裝、方式等規劃所需庫位及其面積，以使庫位空間有效利用。

2.庫位配置原則應依下類規定：

⑴配合倉庫內設備（例如，油壓車、手推車、消防設施、通風設備、電源等）及所使用的儲運工具規劃運輸通道。

⑵依銷售類別、產品類別分區存放，同類產品中計劃產品與訂制產品應分區存放，以利管理。

⑶收發頻繁的成品應配置於進出便捷的庫位。

⑷將各項成品依品名、規格、批號劃定庫位，標明於「庫位配置圖」上，並隨時顯示庫存動態。

步驟二　成品堆放

物料管理科應會同品質管理科的品質管理人員，依成品包裝形態及品質要求設定成品堆放方式及堆積層數，以避免成品受擠壓而影響品質。

步驟三　庫位標示

1.庫位編號依下列原則辦理，並於適當位置作明顯標示：

⑴層次類別，依 A、B、C 順序由下而上逐層編訂，沒有時填「○」。

⑵庫位流水編號。

⑶通道類別，依 A、B、C 順序編訂。

⑷倉庫類別，依 A、B、C 順序編訂。

2.計劃產品應於每一庫位設置標示牌，標示其品名、規格及單位包裝量。

3.物料管理科依庫位配置情況繪製「庫位標示圖」懸掛於倉庫明顯處。

步驟四　庫位管理

1.物料管理科收發料經辦人員應掌握各庫位、各產品規格的進出動態，並依先進先出原則指定收貨及發貨單位。

2.計劃產品每種規格原則上應配置兩個以上小庫位，以備輪流交替使用，從而達到先進先出的要求。

73 商品庫存量管理細則

步驟一　存量基準設定

1.預估月用量設（修）訂

⑴用量穩定的材料由主管人員依據上一年的平均月用量，並參酌本年營業的銷售目標與生產計劃設定，若產銷計劃有重大變化（如開發或取消某一產品的生產，擴建增產計劃等）應修訂月用量。

⑵季節性與特殊性材料由生產管理人員於每年 3、6、9、12 月的 25 日以前，依前三個月及上一年同期各月份的耗用數量，並參考市場狀況，擬訂次季各月份的預計銷售量，再乘以各產品的單位用量，而設定預估月用量。

2.請購點設定

⑴請購點——採購作業期間的需求量加上安全存量。

⑵採購作業期間的需求量——採購作業期限乘以預估月用量。

⑶安全存量——採購作業期間的需求量乘以 25%（差異管理率）加上裝船延遲日數用量（歐美地區 15 天用量，日本與東南亞地區 7 天用量）。

3.採購作業期限

由採購人員依採購作業的各階段所需日數設定，其作業流程及作業日數（公司自定）經主管核准，送相關部門作為請購需求日及採購數量的參考。

4.設定請購量

⑴考慮要項：採購作業期間的長短、最小包裝量、最小交通量及倉儲容量。

⑵設定數量：外購材料的歐美地區每次請購三個月用量，亞洲地區為兩個月用量，內購材料則每次請購 25 天用量。

5.存量基準建立

生產管理人員將以上存量管理基準分別填入「存量基準設定表」呈總經理核准，送物料管理單位建檔。

步驟二　請購作業

請購單提出時由物料管理單位，利用電腦（人工作業）查詢在途量、庫存量及安全存量填入以便審核，審核無誤後送採購單位辦理採購。

步驟三　用料差異管理作業

1.用料差異管理基準

⑴上旬（1～10 日）實際用量超出該旬設定量×%以上者（由公司自定）。

⑵中旬（1～20 日）實際用量超出該旬設定量×%以上者（由公司自定）。

⑶下旬（即全月）實際用量超出全月設定量×%以上者（由公司自定）。

2.用料差異反應及處理

生產管理人員於每月 5 日前針對前月開立「用料差異反應表」，查明差異原因及擬訂處理措施，研判是否修正「預估月量」，如需修

訂，應於反應表「擬修訂月用量」欄內修訂，並經總經理核准後，
送物料管理單位以便修改存量基準。

3.庫存查詢

物料管理人員接獲核准修訂月用量的「用料差異反應表」後應
立即查詢「庫存管理表」，查詢該等材料的在途量與進度，研判是否
需要修改交貨期。

4.採取措施

物控人員研判需修改交貨期時，應填具「交貨期變更聯絡單」
送請採購單位採取措施，採購單位應將處理結果於「採購單位答覆」
欄內填妥，送回物控人員列入管理。

步驟四　存量管理作業部門及其職責

1.物控人員

物控人員是材料存量管理作業的核心，負責月使用量基準設
（修）定，用料差異分析及採取措施。

2.採購單位

負責各項材料內、外購的設（修）定，採購作業期限設（修）
定及採購進度管理與異常處理。

74 賣場商品的損耗管理

步驟一　商品損耗的原因

(1)收銀機失誤引起的損耗

(2)手續不正確引起的損耗

(3)驗收不正確引起的損耗

(4)由於盤點不正確而引起損耗

(5)商品管理缺陷引起的損耗

(6)設備不良引起的損耗

(7)店員不注意引起的損耗

(8)店員的不正當行為引起的損耗

(9)顧客的不正當行為引起的損耗

(10)供應商的不正確供貨引起的損耗

步驟二　商品損耗的防範措施

(一)如何控制損耗

①對高損耗的商品進行定期連貫的盤點。

②制訂所有店內商品的盤點策略，盤點的目的是核對電腦裏的庫存量和商店裏實際庫存量是否一致。

③運用「三米問候」防止偷竊。當發現有小偷欲行竊時，若能主動向其問候，可以起到警示作用，使小偷明白有人注意他了，因而中止行竊。

④及時做無銷售商品報告及負數庫存報告。

⑤做好價格變更的報告。

⑥每隔 2～4 週掃描檢查賣場所有的商品，查看是否短缺損耗，做到心中有數。

(二)商品陳列區域控制

①擺放區域是否標準；

②陳列區域是否標準；

③商品貨架擺放是否標準與安全；

④是否按先進先出原則，如食品、電池、膠捲等；

⑤損耗控制。

(三) 賣場的防損

a.按照收銀程序收銀，拿一掃一查一裝；

b.照顧到每位顧客，注視對方，微笑問好；

c.注意購物車底部；

d.包裝封口；

e.檢查隱藏商品，必要時開箱檢查，注意態度友善；

f.防止偷換條碼；

g.注意商品的銷售單位；

h.不在系統中的商品；是否銷售、如何銷售；

i.如何處理掃描價格不一致的商品；

j.填寫條碼問題表，及時回饋解決；

k.付款方式；

l.學會使用收銀機；

m.識別各種假鈔；

n.會使用各種銀行卡。

75 商品損耗的盤查管理制度

步驟一　商品損耗處理制度

1.商品及原材料物料發生黴壞、變質，失去使用（食用）價值，需要作報損、報廢處理。

2.保管人員填報「商品、原材料黴壞變質報損、報廢報告表」，據實說明壞、廢原因，並經業務部門審查提出處理意見，報部門處理或財務部審批。

3.對核實並獲准報損、報廢的商品、原材料的殘骸，由報廢部門送交廢舊物品倉庫處理。

4.報損、報廢審批許可權，由有關部門會同財務部審查，提出意見，呈報總經理審批。

5.報損、報廢的損失金額在「營業外支出」科目處理。

步驟二　商品盤查管理制度

商品、原材料、物料在盤點中發現的溢損存在自然溢損和人為溢損的因素，應分為不同因素，作出處理。

1.自然溢損：

⑴商品、原材料、物料採購進倉後，在盤點中出現的乾耗或吸潮升溢，如食品中的米、麵及其製品、乾雜貨，在合理升損率的範圍內，可填製升損報告，經主管審查後，直接沖入「營業外收入」或「管理費」科目處理。

⑵超出合理升損率的溢餘或損耗，應先填制升損報告書，查明原因，說明情況，報部門經理審查，按規定在「營業外收入」或「管理費」科目處理。

2.人為溢損：

查明原因，根據單據報部門經理審查，按有關規定在「待處理費用」或「待處理收入」科目處理。

76 滯品的管理方式

為有效推動公司滯存材料及成品的處理，使各物料能達到物盡其用、貨暢其流，減少資金積壓及管理困擾的目的，特制定本制度。

步驟一　滯料的定義

滯料：凡品質（型號、規格、材質、效能）不合標準，存儲過久已無使用機會，或雖有使用機會但用料極少且存量多而有變質顧慮，或因陳腐、劣化、革新等現狀已不適用需專案處理的材料。

步驟二　滯料原因的分類代號

滯存原因分類代號如下：

⑴銷售預測偏高導致儲料過剩（計劃生產原料）。

⑵訂單取消剩餘的材料（訂單生產）。

⑶工程變更所剩餘的材料。

⑷品質（型號、規格、材質、效能）不合標準。

⑸倉儲管理不善致陳腐、劣化、變質。

⑹用料預算大於實際領用（物料）。

⑺請購不當。

⑻試驗材料。

⑼代客加工餘料。

步驟三　滯成品定義

凡因品質不合標準、儲存不當變質或制妥後遭客戶取消、超制等因素影響，導致儲存期間超過 6 個月的成品（次級品超過 3 個月），需專案處理。

步驟四　滯成品原因的分類代號

滯存原因分類代號如下：

(1)計劃生產

①正常品繳庫期間超過 6 個月未銷售或未售完。

②正常品繳庫期間雖未超過 6 個月但有變質。

③與正常品同規格因品質或其他特殊因素未能出庫。

④每批生產所發生的次級品儲存期間超過 3 個月。

(2)訂單生產

①訂單遭客戶取消超過 3 個月未能轉售或轉售未完。

②超制。

③生產所發生的次級品。

(3)其他

①試製品繳庫超過 3 個月未出庫。

②銷貨退回經重整列為次級品。

步驟五　滯存處理要有專人負責

1.設適當專業人員，長期專責處理滯存材料及成品，主管亦負責督促及督導工作。

2.為強化處理機能，以滯存處理專人為中心籌組工作小組，積極研擬可行的處理途丟並定期（至少每月）檢查追究處理結果。

77 販賣商品的汰換流程

販賣商品的汰換，是指對商品品種的汰換，是確保有效執行及持續改進商品結構優化管理的重要途徑。

步驟一　確定汰換標準

1.銷售額

將全部商品的毛利貢獻率進行排序，最低的商品應被淘汰。也可以為沖業績的主力商品確定目標銷售額，淘汰未達標者。

2.銷量

用單價低的商品在一定的時段內的銷售量確定一個基數，未達到銷售基數的滯銷品予以下架處理。

3.品質

對於被行政管理機關宣佈為不合格的商品，要堅決汰換，遭遇

品質質疑風波的商品,也應根據情況決定是否下架,以免影響形象。

4.民意

礙於人情銷售的商品,應由門店各方面的人員就其銷售比率、市場競爭力等進行討論,然後做出是否下架的決定。

5.供貨情況

若有長期供貨不及時、貨源品質不過關的商品,那麼找到替代品後,應及時將其汰換。

6.競爭力

門店經營者將本店商品與同類商品進行品牌、型號、品質、用途以及價格等方面的比較,不具有競爭力、缺乏特色、不符合消費習慣的商品可酌情加以汰換。

7.拉動力

一些常年供應低毛利的食材,甚至在促銷期間進行負毛利銷售。雖然從表面上來看,店鋪為該商品付出一定的經濟損失,但好處在於該商品為店鋪培養一批忠實的老顧客,他們幾乎每週都來購買該食材,也順帶購買其他商品。

有些商品的作用正在於帶動其他商品的銷售,銷售額不應作為這類商品的主要汰換依據。

8.聚客力

部分商品的作用是以大銷量集聚人氣,因而銷量是汰換的主要指標,而毛利率可以適當忽略。如某種飲品毛利率低,每瓶僅為 1 元。但是,它屬於名牌產品,在消費者中有極大的號召力,帶來大量客源,因此店鋪無須將其汰換。

9.盈利力

某保健品毛利率甚高,達到 45%,雖然其周轉週期長,逢年過節

才能銷售寥寥幾份，但是為了追求高毛利，一些資金充足、貨架足夠的店鋪依舊不會將其汰換。

在考慮淘換這類商品時，顯然應對銷售額、毛利率進行重點分析，而銷量、周轉速度的重要性可以適當被淡化。

10.陪襯力

有時，某種商品價格虛高，問津者寥寥。大多數人都毫不猶豫地購買了同類的其他商品，卻不知正中店鋪經營者下懷。「狡猾」的店鋪經營者之所以明知該商品價格高、銷量低，卻依舊將其留在貨架上，是因為正是在這款商品的襯托下，同類其他商品才頓顯物美價廉。起陪襯作用的商品若能促進同類商品的銷售，那麼在很多時候，這種商品具有保留價值。

[步驟二] **擬定汰換商品名單**

既無法滿足消費者需求，又不能給店鋪創造效益的商品，必須被汰換。需要擬定汰換品的明細單，交給店鋪經營者。

店鋪經營者審批明細單，提出汰換品的處理意見。

[步驟三] **如期汰換完畢**

店鋪經營者的處理意見必須得到及時實施。例如，當店鋪經營者給出退貨意見後，未及時將商品撤回倉庫而導致退貨期延後的，需為此負責；如果是因為店鋪經營者本身的失誤而造成貨物積壓，店鋪經營者需自行負責。

步驟四　處理汰換品的方式

1. 打折清貨

對於即將過期的商品，不少店鋪會對其實施打折促銷、捆綁銷售等手段，以達到及時清貨、減少損失的目的。以日用化妝品為例，通常情況下，店鋪對半年即過保質期的商品進行八折處理，對三個月即過保質期的商品則半價出清。建議店鋪經營者多在盤點上下工夫，確保商品先進先出、及時出售。

2. 逐步減少供應

當商品已經不能為店鋪創造較多的利益，甚至會阻礙其他潛力商品的銷售，店家一般會考慮將其淘汰。但是為了不使顧客感到不適應，店家最好制訂計畫，逐步減少該種商品的採購和供應，同時逐漸擴大替代品的排面。循序漸進的汰換措施能夠給顧客一個心理緩衝期，使新品上市的阻力更小。

3. 退貨程序

一旦商品變質、遭遇大量投訴或店鋪急需用錢，則可以將商品退貨。首先，店鋪經營者填寫退貨通知單。其次，採購人員持單與供應商協商退換，以便減少店鋪損失和倉儲負擔。在採購負責人或採購專員行動的同時，導購部及時將商品下架、退回倉庫。最後，倉管員將下架商品分類封箱，並在儲存箱外貼上彩色標籤，注明生產日期、退貨數量等資訊。等待退貨的商品應未過期、整潔、無汙損且包裝完好，以便採購人員在退換貨談判中佔據有利地位。

4. 銷毀

對於既不能銷售也無法退貨的過期產品，導購應及時徵求店長的同意，將商品退回倉庫暫存。倉管員收到這批商品後，將其單獨

存放，並做好「待銷毀」的獨特視覺標記（如在存儲箱外貼上的異色標籤，以示區分）。

78 倉庫安全的管理制度

　　倉庫的安全應「以預防為主，防消結合」。主要是對本庫的商品、設備和人員的安全全面負責。

　　一、倉庫是商品和物品保管重地，除倉管人員和因業務、工作需要的有關人員外，任何人未經批准，不得進入倉庫。

　　二、因業務、工作需要需進入倉庫的人員，在進入倉庫時，必須先辦理入倉登記手續，並要有倉庫人員陪同，不得獨自進倉。凡進倉人員工作完畢，出倉時應主動請企管人員檢查。

　　三、一切進倉人員不得攜帶火種、背包、手提袋等物進倉。

　　四、倉庫範圍及倉庫辦公地點，不准會客，其他部門職工更不准圍聚閒聊，不准帶親友到倉庫範圍參觀。

　　五、倉庫範圍不准生火，也不准堆放易燃易爆物品。

　　六、倉庫不准代私人保管物品，也不得擅自答應未經主管同意的其他單位或部門的物品存倉。

　　七、任何人員，除驗收時所需外，不准把倉庫商品物品試用試看。

　　八、倉庫應定期每月檢查防火設施的使用實效，並接受保安部的檢查、監督。

九、當班安全管理人員必須堅守工作崗位,不得擅自離開,發現情況要及時處置並報告。做好當班工作記錄及交接班記錄。

十、對違反管理制度並造成不良後果的,將給予嚴格的處罰。

79 發料作業管理方式

倉庫人員發料時依據經審批的「領料單」,核發實際用料,並做好當日記錄及會計帳目。

步驟一 領料

1. 使用部門領用材料時,由領用經辦人員開立「領料單」經主管核簽後,向倉庫辦理領料。

2. 領用工具類材料(明細由公司自行制定)時,領用保管人應拿「工具保管記錄卡」到倉庫辦理領用保管手續。

3. 進廠材料檢驗中,因急用而需領料時,其「領料單」應經主管核簽,並於單據上註明,方可領用。

步驟二 發料

由生產管理部門開立的發料單經主管核簽後,轉送倉庫依工作指令及發料日期備料,並送至現場點交簽收。

步驟三 材料的轉移

凡經常使用或體積較大須存於使用單位者,由使用單位填制「材料移轉單」向資料庫辦理移轉,並且每日下班前依實際用量填制「領料單」,經主管核簽後送材料庫沖轉出帳。

步驟四 退料

1. 使用單位對於領用的材料,在使用時遇有材料品質異常,用料變更或用餘時,使用單位應註記於「退料單」內,再連同料品繳回倉庫。

2. 材料品質異常欲退料時,應先將退料品及「退料單」送品質管理單位檢驗,並將檢驗結果標註於「退料單」內,再連同料品繳回倉庫。

3. 對於使用單位退回的料品,倉庫人員應依檢驗退回的原因,研判處理對策,如原因系由於供應商所造成者,應立即與採購人員協調供應商處理。

80 商品生產交期的控制流程

步驟一　銷售部初步接受訂單

1.接受訂單

銷售部根據銷售計劃開展銷售活動，根據企業生產狀況接受生產訂單。

2.預估交期

銷售部根據生產訂單狀況初步預估交期，將生產訂單及預估交期轉交至生產部。獲取生產部回覆的正式交期。

步驟二　生產部確定交貨日期

1.編制生產計劃

生產部應充分評估生產訂單、生產目標及現有生產情況、物料狀況、物料採購週期、生產利用狀況等，並編制生產計劃。

2.物料控制

相關物料管控部門根據生產計劃進行生產物料調配與控制，確定生產訂單所需物料供給狀況，並回饋給生產部。

3.確定交期

⑴確定訂單交期時，應考慮客戶訂單評估與接受時間、物料需求計算與訂購時間、供應商交貨與進料檢驗時間、物料庫存待配套時間、加工生產時間、各工序內與工序間停留待加工時間、品質異常待處理時間、交付使用時間等各項因素。

⑵生產部根據生產計劃安排情況、生產物料供給情況等各項因素確定準確的交貨期,並通知銷售部。

4.交期通知

銷售部將生產部確定的交貨期通知客戶,以便客戶及時安排貨物接運等工作。

步驟三　生產過程控制

1.進行生產

生產部根據生產計劃及確定的生產訂單交期進行生產。

2.生產進度監控

生產部對訂單生產進度進行即時監控,及時發現生產過程中影響生產進度的各種問題,並及時匯總、分析和解決。

3.生產品質控制

相關品質監控部門對生產部的產品進行品質控制,按規定的方式和方法在受控狀態下生產產品,確保各項品質因素能有效地得到控制,達到產品品質持續改進的目的,以滿足客戶要求。

步驟四　生產進度回饋

1.進度信息回饋

生產部及時對生產進度信息進行回饋,以保證完成生產作業計劃規定的交貨期限指標。

2.進度是否異常

⑴根據生產進度信息的回饋情況判斷生產進度是否存在異常。

⑵如果生產進度存在異常,則應及時分析生產進度異常產生的原因,並加以解決。一般生產進度異常的狀況包括生產計劃異常、

物料異常、設備異常、制程品質異常、設計技術異常、水電異常等。

⑶如果生產進度不存在異常,則繼續按計劃執行生產任務。

3.向客戶回饋進度問題

⑴生產部將生產進度狀況通知銷售部,銷售部及時向客戶回饋生產進度問題。

⑵如果生產進度出現異常,銷售部應向客戶具體說明生產異常狀況及原因,盡力協調產品交期。

步驟五　出貨

1.採取改善措施

生產部應根據生產進度異常產生的原因制定應對方案,採取改善措施,確保生產進度恢復正常。

2.出貨交貨

生產部按照生產計劃完成生產任務後,在規定交貨期限內按照交貨流程向客戶方出貨、交貨。

心得欄 -

- -

- -

- -

- -

- -

81 防止不良品的產生

　　不良品是企業的嚴重問題。不良品的出現不僅會影響產品品質、技術流程和生產進度，還會大量增加企業生產成本。

步驟一　不良品產生的原因

　　不良品產生的原因主要集中在產品設計、工序管制狀態、採購等環節。錯誤的操作方法、不良物料及錯誤的設計都可導致不良品產生。一般來說，不良品的產生與以下方面有關：

　1. 產品開發、設計。

・ 產品設計的製作方法不明確。

・ 圖樣、圖紙繪製不清晰，標碼不準確。

・ 產品設計尺寸與生產用零配件、裝配公差不一致。

・ 廢棄圖樣的管制不力，造成生產中誤用廢舊圖紙。

・ 機器與設備管理。

・ 機器安裝與設計不當。

・ 機器設備長時間無校驗。

・ 刀具、模具、工具品質不良。

・ 量具、檢測設備精確度不夠。

・ 溫度、濕度及其他環境條件對設備的影響。

・ 設備加工能力不足。

・ 機器、設備的維修、保養不當。

2.材料與配件控制。

· 使用未經檢驗的材料或配件。

· 錯誤地使用材料或配件。

· 材料、配件的品質變異。

· 使用讓步接收的材料或配件。

· 使用替代材料,而事先無精確驗證。

3.生產作業控制。

· 片面追求產量,忽視品質。

· 操作員未經培訓上崗。

· 未制定生產作業指導書。

· 對生產工序的控制不力。

· 員工缺乏自主品質管制意識。

4.品質檢驗與控制。

· 未制定產品品質計劃。

· 試驗設備超過校準期限。

· 品質規程、方法、應對措施不完善。

· 沒有形成有效的品質控制體系。

· 高層管理者的品質意識不夠。

· 品質標準的不準確或不完善。

步驟二 不良品要加上標識

· 為了確保不良品生產過程不被誤用,工廠所有的外購貨品、在製品、半成品、成品以及待處理的不良品均應有品質識別標識。

· 凡經過檢驗合格的產品,在貨品的外包裝上應有合格標識或

合格證明文件。

・不良品，應有不合格標識，並隔離管制。

・品質狀態不明的產品，應有待驗標識。

・未經檢驗、試驗或未經批准的不良品不得進入下道工序。

步驟三　不良品要隔離

・在各生產現場（製造/裝配或包裝）的每台機器或拉台的每個工位旁邊，均應配有專用的不良品箱或袋，用來收集生產中產生的不良品。

・在各生產現場（製造/裝配或包裝）的每台機器或拉台的每個工位旁邊，要專門劃出一個專用區域用來擺放不良品箱或袋，該區域即為「不良品暫放區」。請注意，此區域的不良品擺放時間一般不超過 8 小時，即當班工時。

・各生產現場和樓層要規劃出一定面積的「不良品擺放區」用來擺放從生產線上收集來的不良品。

・所有的「不良品擺放區」均要用有色油漆進行劃線和文字註明，區域面積的大小視該單位產生不良品的數量而定。

步驟四　不良品的控制關鍵

「品質是製造出來的，不是檢驗出來的。」因此，控制不良品的關鍵在於「預防」。對不良品的控制要以「預防為主，檢驗為輔」，將不良品控制在產品形成的過程中。

1.制定不良品控制程序

工廠要制定不良品控制程序。不良品控制程序應規定不良品的標識、隔離、評審、處理措施和記錄的方法，並以書面文件的形式

通知相關部門，以防止作業員誤用不良品，導致不良品出貨。

2.執行不良品控制程序

不良品控制程序應達到以下要求：

· 及時發現不良品，加以標識並隔離存放。

· 確定不合格的範圍，如機號、時間、產品批次等。

· 評定不良品的嚴重程度。

· 決定對不良品的處置方式，並加以記錄。

· 按處置規定對不良品進行搬運、貯存和後續加工。

· 做好不良品情況的記錄。

· 通知受不良品影響的部門做好預防措施。

3.明確檢驗員的職責

· 品管部按產品圖樣和加工技術文件的規定檢驗產品，正確判
別產品是否合格。

· 對不良品做出識別標記，並填寫產品拒收單及註明拒收原因。

4.明確不良品的隔離方法

對不良品要有明顯的標記，存放在工廠指定的隔離區，以避免
與合格品混淆或被誤用，並要有相應的隔離記錄。

5.明確不良品評審部門的責任和權限

不良品不一定都是廢品，對不合格程度較輕，或報廢後造成損
失較大的不良品，應從技術性方面加以考證，以決定是否可以在不
影響產品適用性或客戶同意的情況下進行合理利用，或返工、返修
等補救措施，這就需要對不良品的適用性逐級作出判斷。

6.明確不良品處置部門的責任和權限

根據不良品的評審與批准意見，明確不良品的處理方式及承辦
部門的責任與權限。相關部門應按處置決定對不良品實施搬運、貯

存、保管及後續加工，並由專人加以督辦。

7.明確不良品的記錄辦法

為便於對不良品的分析與追溯，分清處理責任，對不良品的狀況應予記錄，狀況記錄涉及時間、地點、批次、產品編號、缺陷描述、所用設備等。做好記錄後，應及時向職能部門通報，並納入品質檔案管制，以備考證。

步驟五 不良品的處置方式

不良品一經查出，就應採取措施予以處置。一般的處置方式包括條件收貨、揀用、返工與返修、報廢、退貨等。

1.條件收貨

在不良品經局部修整後，可接受或直接使用且不會影響產品的最終性能，在品質上可視為允收品範圍內。對此類產品的接受，也稱為「讓步接受」或「偏差接受」。

對於條件收貨中的「條件」的理解，通常是指對供應商的扣款或要求供應商按不合格品數量進行補貨。而且「讓步接受」、「偏差接受」應書面認可，且是一次性的，並限定在一定的數量和時間期限，在作出批准時，應有適當的預防措施。

當該批來貨被特許進廠後，IQC應在該批來貨上做「特採」標記，並將驗貨資訊傳遞給來貨使用部門，以備相關部門做出應對行動。

2.揀用

對來貨基本合格，但其中存在一定數量的不良品時，在入倉前或使用前，由工廠安排人力將不良品剔除掉，然後再將來貨入倉或投入生產的過程，稱之為「來貨揀用」。

如果該批來貨未經挑選，即投入生產中使用，由使用部門邊挑

選邊做貨,這種做法則稱之為「挑選性收貨」。

3.返工與返修

返工、返修是指對不良品的重新加工和修理,使產品品質達到規定要求。

在對返工、返修作業進行管制時,主要應控制以下的工作:

· 掌握好品質允收標準,並向返工與返修人員闡明品質要求與要點。

· 在製品品質檢驗與試驗的方法。

· 記錄返工品的品名規格、數量。

· 對返工品進行重檢。

返工後的產品需經檢驗,符合規定要求,即合格後才能放行。返修後的產品需經檢驗,雖不符合規定要求,但能滿足預期的使用要求,經檢驗並辦理讓步手續後才能放行。

4.退貨

退貨是指因來貨品質不合格,經鑑定後,將來貨退回發貨部門的行為。

不論被退的貨物是自製還是外購進廠,在做出退貨決定前,都應做如下考慮:

· 來貨可否按其他方式被接受,如挑選、返修。

· 所退的貨物是否為組成產品的重要部份,若被使用,對產品的最終品質是否會造成嚴重影響。

· 若進行退貨是否造成生產線的停工待料,如來貨被強行使用會造成重大品質隱患,則一定要退貨。

5.報廢

⑴在作出報廢決定前,應考慮事項

· 若進行報廢，是否造成較大的損失。
· 是整體報廢，還是部份報廢；產品的元件可否拆卸下來轉作其他產品用。
· 批量進行報廢時，應注意在報廢批中，是否能檢出部門允收品。

⑵報廢的申請程序

由於物料、半成品、成品的報廢，將直接造成工廠的損失，所以品質部在收到物料的報廢申請時必須認真核對，並指派品質管理人員親臨現場核查，在確定所申請的物料或產品確實無法進行再利用時，方可簽署報廢申請。

82 物流配送中心的設計流程

使配送中心的作業流程均衡、協調地運轉，關鍵是做好物流量的分析和預測，依據配送網路、客戶服務標準、營運成本來分析和確認合理的物流流程非常重要。

步驟一 計劃準備

1.制定規劃目標

必須明確制定配送中心未來的功能與營運目標，以利於資料的收集與後續規劃需要。營運目標應該包括：

新營運方式的制定：如新增營運項目、擴大服務的地理範圍、

縮短補貨時間，新的營運指標應該根據企業新的營運策略制定。

計劃預期時間表：包括配送中心何時開始正式運作，計劃應適時排定，將來規劃時應遵照日程逐步進行。

計劃預定的投資預算：這在每個計劃中都是非常重要的因素，規劃設計時，必須在可應用的投資預算內完成。

最大營運量：配送中心每日的最大吞吐量、最大存放量，必須作為設計配送中心的基準。

人力運用策略：未來配送中心成立時，各部門所需的人員數，以評定用人成本，並評估自動化的程度，以決定未來的作業方式。

使用年限：根據預定使用年限可以選用適當的建築材料，並計算出每年的折舊等。

2.收集基本資料

收集資料的目的在於把握現狀，根據目前掌握的資料，認識企業現有的物流狀況。需要收集的資訊包括：物流網路、資訊網路、物流設備、人力資源、作業成本、投資效率、物流量、作業流程與前置時間的資料。其中物流網路資料是指與配送中心有關的物流網點及服務區域、服務水準有關的資料。

3.基本資料分析

基本資料分析包括現狀分析和與同行業比較分析。目的在於分析物流系統現狀，發現問題。主要的分析有下面幾點：

· 與商品品質有關的分析。

· 交貨的快速性分析。

· 手續的簡便性分析。

· 與同行實體條件的比較。

· 與同行軟體的比較。

· 與同行企業形象的比較。

步驟二　系統規劃設計

1. 規劃條件設定

經過對現狀問題的分析及與同業的比較後,原有物流系統的弱點已經充分掌握,新的配送中心的規劃條件就可以設定了。一般新的配送中心的規劃,分為以下幾點:

(1)增加營運能量,能量的擴充不一定是全面增加設備或空間,其主要目的是解決瓶頸現象。

(2)提升服務水準,需要軟、硬體人員的全面配合,也需要整個物流系統的變更與整合。

(3)為了解決人力缺乏的問題,就需要積極推進合理化、省力化,或設備自動化、電腦化。

(4)為了應付多品種、小批量、多頻率的物流環境,應規劃設置彈性化、智慧型的物流系統。配合企業的營運策略,擴增配送中心的功能,或增建配送中心。

2. 地點選擇限制條件

位置選擇。配送中心的選址是物流經理經常面臨的問題。由於企業規模的擴大,以及對成本控制的要求,配送中心不僅僅是一個儲存、配送商品的單純意義上的建築物,它在物流系統的成本一服務平衡的關係中,起著重要的作用。因此,選址分析的重要性也大大增加了。

選址決策的中心問題主要集中在配送中心的數目和位置上。典型的問題有:連鎖企業應該使用幾個配送中心?位置定在那裏?每個配送中心服務那些市場?在每個配送中心主要配送那些商品?配

送中心的規模如何？這些問題都要進行綜合分析。

　　進行選址的方法主要是利用解析法，用解析法對單一配送中心進行選址的方法就是用座標和費用函數求出的由配送中心至顧客之間配送費用最小地點的方法。

　　選址分析中主要考慮的因素是服務的可得性和服務成本。配送成本是支配選址的重要因素。

　　除了考慮配送成本以外，還需要評估設備安裝和作業費用，如稅金、保險費率，以及公路通道費等。這類費用在不同的地點是有差異的。此外，在確定倉庫的選址以前，還必須滿足其他幾個要求，其中包括該地點必須提供充足的可擴充的空間；必要的公用設施；地面必須能夠支撐倉庫結構以及該選址必須有充分的排水系統等。

　　⑴方向。考慮當地的風向、日曬等影響配送中心作業動線等因素。

　　⑵構造。配送中心的建築構造，一般可以分為單層和多層兩種形式。單層的優點是建築費用低，柱子較少，易於作業及規劃。但在繁華市區土地價格昂貴，為求較高的土地利用率，以多層式為佳。

　　⑶地板。地板荷重是依據配送中心所儲運的物品與作業區域的不同而設計規劃的。參考值如下：

辦公室	300 千克/平方米
服裝	300～500 千克/平方米
雜貨	500～1000 千克/平方米
飲料	2000 千克/平方米

　　⑷屋頂。屋頂最重要的是考慮材質、結構設計與造型設計。屋頂的主要功能是防止日曬雨淋，因此所選擇的材料必須注意耐久性與透光性。

⑸側壁。窗戶及閘的數量、位置、大小應依據實際需要設計。現在配送中心的冷暖氣設備都很完備，照明也很明亮，因此窗戶及閘的設計應針對溫度、濕度、隔音等來考慮。

⑹柱。以前柱子間隔僅 40～50 米，但最近日本新技術設計的柱子間隔可以達到 80 米左右。一般而言，梁的厚度為柱間隔的 1/10 左右。柱間隔也必須考慮卡車停放台數而加以計算決定。

⑺卡車月台。在配送中心作業中，卡車的停放區域規劃可分為：

①直角方式：由卡車後面上、下貨，可停放車輛數也最多。一般而言，11 噸車的回轉空間約為 22 米，而 3.5 噸車的回轉空間為 13.2 米左右，常常被規劃為月台作業方式。

②平行方式：由卡車的側面上、下貨的方式，雖然此種方式其空間較為經濟，但是同時可停放的車輛數也較少，一輛卡車所需要的（月台）長度一般為 7～8 米。

③30 度方式或 45 度方式：由卡車後面上、下貨，屬於以上兩種方式的綜合；空間需求大小介於直角方式與平行方式兩種之間。

⑻其他。換氣部份應與冷氣機設計時一併考慮。月台的照明最好與家中照明相同，約 100 瓦。

3.服務設施規劃

服務設施是指支援配送中心作業連續運作的設施，除了配送中心所需要的動力間、配電室、設備維修間、器材室外，配送中心規劃時，還應注意以下各種設施的規劃：冷氣機設備、通信設備、搬運設備停放區、辦公室及其他員工活動場所的規劃。

冷氣機設備是室內溫濕度管理的基礎，也是被儲存商品如食品、藥品、高級電子零件等在配送中心儲存時，維持良好品質的必要條件之一。

安全管理應包括軟、硬體的配合，軟體指對人員、車輛進行的管理，必須要有一定的核准程序與放行標準；硬體則應考慮設置自動監視系統及自動警報系統，以補充人力監視的不足，貴重物品宜集中保管以減少自動監視設備的投資。

在通信設備方面，由於配送中心與外界的聯繫頗為頻繁，包括與顧客的雙向溝通、與配送車隊的聯絡等，因此通信設備的裝置，對配送中心作業品質的影響很大。在裝置通信設備時，除了通話量的考慮外，還應考慮資料的傳送量，及電腦與通信結合和無線電通信等。

4.整體佈局設計

整體佈局設計主要是估算各作業區域的大小，包括進貨區、儲存區、揀貨區、出貨區等，並按照各作業區域的作業關係，來決定各區的擺設位置。

由於配送中心內部的設計、經營直接與商品的結構和性質有關，所以每一種商品都應該按照年度的銷售量、需求的穩定性、重量、容積以及包裝等進行分析。此外，還需要確定商品通過配送中心進出的總規模、總容積以及訂貨處理的平均重量等。這些數據提供了必要資訊，用以確定配送中心的空間、設計和佈局、搬運設備、作業程序以及作業控制等方面的要求。

步驟三　設計方案評估

方案評估中主要是進行方案的評估與選擇。通常，一般的規劃都有備選方案，完成後應該根據原規劃的基本方針，以及原規劃的基準，如預算、可能完成的期限、效益等來評估，並選擇最佳方案。最常用的評估法是計算各方案的投資金額以及效益，以數字作為選

擇的基礎。

　　配送中心的規劃千頭萬緒，各方面的考慮也要很週密，真正進行規劃時，應採用團隊作業方式，由管理、建築、機電、資訊、物流等方面的人才組成，互相取長補短。在規劃過程中，應按照規劃進程進行，以保證品質。

83 物流部門的組織規劃

步驟一　物流組織職能的分析與整理

　　企業物流活動貫穿於企業生產經營的全部過程，其分散性是其他各類活動難以比擬的。物流組織要想進行一體化工作，企圖用一個簡單的部門承擔其全部的管理和運作職能是不切實際的。因此，組織設計的第一要求就是對物流職能進行分析整理，以便為物流組織的層次、部門、職務和崗位的分工協作提供客觀依據。

　　對物流組織職能進行分析整理，一般來說需做以下幾個方面的工作：

1.列出組織職能清單

　　先將企業中的全部物流作業歸併為若干不同的管理崗位承擔的工作項目，再將若干工作項目歸併為若干基本職能。企業物流組織職能一般有八項：採購、輸入運輸、生產進度日程安排、庫存控制、倉儲、輸出運輸、訂單處理，以及顧客服務。對這些職能的組織安排既與組織戰略相關，也受企業大小的影響。每個企業可以從企業

實際出發，對這些基本職能進行必要的調整和修改，科學地回答特定企業究竟需要建立和健全那些基本職能。

2.關鍵職能的確立

企業各項基本職能雖然都是實現企業目標所不可缺少的，但由於重要性不同，可區分為關鍵職能和非關鍵職能。職能分析就是要在各項基本職能中找出關鍵職能，以便確定企業物流中心任務，避免平均使用資源，或者互相爭當主角，造成摩擦與內耗。

3.職能分解

職能分解是將已確定的基本職能和關鍵職能逐步分解，細化為獨立的、可操作的具體業務活動。企業中的各項物流職能，如顧客服務、採購、庫存、運輸等都包括許多具體的工作內容，需要許多人員以至幾個部門來共同承擔。通過職能分解，列出各項基本職能的具體業務工作內容，既可以作為分派工作、指定專人或某個部門負責執行的依據，又能夠為部門的劃分和組合、協調方式的選擇、崗位職責的制定提供前提條件。

4.落實各種職能的職責

儘管在開列職能清單的過程當中對各種職能的具體職責會有一個大致的考慮，但是，作為規範的職能設計，還必須在最後進一步對不同職能的應負職責做出詳細規定，進行全面落實，以便指導組織結構設計中的其他操作（如部門設計、職權設計等）。

步驟二　組織結構的設計

當員工人數較少，或者企業是新建的、環境簡單但卻處於動態的時候，設計簡單結構效果較好。規模小通常意味著工作活動的重覆少，這時標準化就不具有吸引力。小規模也使非正式溝通更方便，

也更有效。所有的新企業都傾向於採用簡單結構，因為管理者一開始並沒有時間去發展他們的結構。簡單的環境容易被一個人所把握，而簡單結構的靈活性也能使企業對不可預見的環境變化作出迅速的反應。

1.矩陣結構可以取得專業化的優勢

當企業有多個規劃或產品，並採用職能部門化方式時，可以設置規劃或產品經理來指導跨職能的活動。

2.網路結構是電腦技術革命的產物

通過與其他企業聯繫，一家工業企業可以從事製造業活動而不必有自己的工廠。網路結構對於剛開業的製造業企業是一種特別有效的手段，可以使風險和投入大大地降低。因為它只需要很少的固定資產，從而也就減低了對企業財力的要求。但是，要取得成功，管理者必須熟練地發展和維持與供應商的關係。如果網路組織所外包的任何一家企業不能履行合約，這一網路組織就可能成為輸家。

步驟三 職權的設計

物流決策的影響面大小決定著決策權的配置。有些決策的影響面較小，例如只影響其他一個或少數幾個職能；有的影響面則很大，涉及多項工作乃至整個企業管理。根據決策影響面的大小來配置決策活動與決策權的原則是：決策的影響面越小，越屬於較低層次的決策；反之，就應該由較高的層次來承擔。這樣做的目的，是保證決策者全面考慮所有受其影響的各種職能的要求，避免只從自身工作出發，片面追求局部工作最優化，結果有損於其他管理工作，降價企業整體效益。

步驟四　物流組織設計的創新

1.職能集成

企業圍繞核心職能對物流實施集成化管理，對組織實行業務流程重構。實現職能部門的優化集成，通常可以建立交叉職能小組，參與計劃和執行項目，以提高各職能部門之間的合作，克服這一階段可能存在的不能很好滿足客戶訂單的問題。

2.結構壓縮

管理者用減少規模、變平、網路、集中、修正範圍、延遲、重組和非層次性等理念對組織進行構建。壓縮物流結構的動機，始於物流部門經理的地位和權責的改變。在一個以限制編制和強烈要求控制資產為特徵的環境中，高層經理是作為跨功能或跨工種的隊伍中的一個成員來完成任務的，是以解決問題為目的的計劃者或戰略遠見的提供者。因此，物流管理要特別關注有關集權與分權、直線與職能的區分和矩陣結構的傳統關係。

3.任務小組結構

長期以來，企業物流的組織結構是基於功能而歸組的。在功能結構下，物流活動諸如運輸和倉儲被歸類集合且和直線主管的權力和責任相關，很難取得能滿足獨特客戶要求的跨功能的靈活性。於是，任務小組結構被設計用來達成某種特定的、明確規定的複雜任務。物流組織中運用任務小組，是企業在保持有效的功能結構的同時，獲得一種基於任務的靈活性。這種靈活性能使組織分享稀有資產和技術資源，但需要一個能在地域上配置的技術資源組。

4.工作團隊

自我指導的工作團隊（Self Directed Work Teams，SDWT）概

念,源自跨功能委員會,將團體行為的權力作了擴展。第一,SDWT
通常並不是為特殊分配或解決問題而作出的結構。傳統的物流委員
會最初是針對特殊情況進行審視或評估,提出建議,並予以解決辦
法的諮詢機構。第二,SDWT 中的「自我指導」意味著隊伍成員被授
權最有效地完成他們的工作,其中的成員個人和相互之間都是十分
負責的。其理念在於將隊伍凝聚於完成跨功能的工作上。

與傳統委員會相比照,SDWT 潛在的成就更具有吸引力。選擇和
集聚倉庫訂單、收據和客戶訂單的處理,以及運輸量差異的解決方
法都是工作隊改進生產率的領域。為取得工作隊組織的成功,需要
設立方向、衝力和奉獻,在工作績效中明確個人負責的作用,協調
成員不同的背景、技術、教育、職稱和補償水準等。

84 物流系統的設計流程

物流系統的設計規劃主要包括佈局問題、選址、分派路徑等,
解決這些問題,可以幫助降低供應鏈的物流成本,提高供應鏈的管
理水準。

步驟一 對倉庫系統的設計

在物流系統設計中,倉庫的合適數目與地理位置是由客戶、製
造點與產品要求所決定的。倉庫代表著一個企業贏得時間與效益的
總體努力的一部份。在物流系統中,倉庫可劃分為以市場定位,以

製造定位或中間定位等幾類。

1.以市場定位的倉庫

由市場定位倉庫服務的市場區域的地理面積大小，取決於被要求的送貨速度、平均訂貨量，以及每單位當地發送的成本。以市場為定位的倉庫，通常用來作為從不同源地和不同供應商那裏獲取商品並集中裝配商品的地點。商品分類通常很廣泛，而任何特定商品的需求和進出倉庫的總量相比是很小的。一個零售商店通常不會有足夠的需求來向批發商或製造商直接訂購大量的貨物，零售要求由許多不同的或廣泛分散的製造商生產的不同產品的集合。為了以低的物流成本對這樣的分類庫存快速補充，零售商可以選擇建立倉庫，或者使用批發商的服務。現代食品分銷倉庫，在地理上通常坐落在接近它服務的各超市的中心。

2.以製造定位的倉庫

以製造定位的倉庫通常坐落在鄰近生產工廠，以作為裝配與集運被生產物件的地點，這些倉庫存在的基本原因是便於向客戶運輸各類產品。物品從他們所生產的專業工廠被轉移到倉庫，再從倉庫裏將全部種類的貨品運往客戶處，坐落位置用來支援製造廠，可以將產品混合運往客戶處。

這種產品分類的集運促進大量購買產品。製造定位倉庫的優點在於它能跨越一個類別的全部產品而提供卓越的服務。如果一個製造商能夠以單一的訂貨單集運的費率將所有交售的商品結合在一起，就能產生競爭差別的優勢。

步驟二 對運輸系統的設計

在設計運輸系統時，首先要考慮建設整體的運輸網路。運輸網

路由運輸線和停頓點組成，運輸線表示連接停頓點之間的運輸設備，停頓點表示工廠、倉庫、配送中心等物流據點。

運輸系統的目的是準確、安全並以低成本運輸物品。但是，運輸的迅速性、準確性、安全性、經濟性之間，一般有互相制約的關係。

選擇運輸工具對於不同貨物的形狀、價格、運輸批量、交貨日期、到達地點等貨物特性，都有與之相對應的適當運輸工具。

步驟三 　對庫存成本的控制

控制和保持庫存是每個企業都會面臨的問題。庫存的管理與控制是企業物流各職能領域的一個關鍵領域，對於企業物流整體功能的發揮起著非常重要的作用。由於這一領域的成本在總物流成本中佔有相當大的比例，因此，在成本的權衡決策中顯得尤為重要。

1.總成本最小

企業物流系統是企業系統的一個子系統，庫存系統又是物流系統的一個子系統，所謂的存貨成本最小，是受企業的總目標約束的，有時會增加存貨成本，這是因為真正追求的目標是企業總成本最小。如果適當增加部份存貨，能減少其他形式的成本，並且其減少額超過了存貨成本的增加額，那麼企業就可以選擇增加存貨成本。

2.對存貨儲存成本進行計算

計算一種單一庫存產品的存貨儲存成本分三步：

確定庫存產品的價值，其中先進先出法（FIFO）、後進先出法（LIFO）或平均成本法是常用的方法。

估算每一項儲存成本佔產品價值的百分比，然後將各百分比數相加，得到存貨儲存成本佔產品價值的比例，這樣儲存成本就用存

貨價值百分比來表示。

用全部儲存成本（產品價值的百分比）乘以產品價值，這樣就估算出保管一定數量存貨的年成本。

85 物流資訊系統的運作流程

物流資訊系統是一種人機交互的系統，主要功能是進行物流資訊的收集、存儲、傳輸、加工整理和輸出，為物流管理者及其它組織管理人員提供戰略、戰術及運作決策的支持，以達到組織的戰略競優，提高物流運作的效率與效益。

步驟一　數據的收集

物流資訊系統的首要任務是把分散在企業內外各處的數據收集並記錄下來，整理成物流資訊系統要求的格式和形式。數據的收集和錄入是整個物流資訊系統的基礎，因此，在衡量一個資訊系統的性能時，下列內容是十分重要的：

· 收集數據的手段是否完善。

· 準確程度和及時性如何。

· 具有那些校驗功能。

· 對於工作人員的失誤或其他各種破壞因素的預防及抵抗能力如何。

· 錄入方法是否方便易用。

· 對於數據收集人員和錄入人員的技術水準要求如何。

· 整個數據收集和錄入的組織是否嚴密、完善，等等。

原始資訊收集的關鍵問題是完整、準確、及時地把所需要的物流資訊收集、記錄，做到不漏、不錯、不誤時。二次資訊收集則是在不同的資訊系統之間進行的，其實質是從別的資訊系統得到企業物流資訊系統所需要的關於某種實體的資訊（實際上往往不是兩次傳遞，而是經過多次傳遞），它的關鍵問題在於兩個方面，即有目的地選取或抽取所需資訊和正確地解釋所得到的資訊。

步驟二　數據的存儲

物流資訊系統必須具有某種存儲資訊的功能，否則它就無法突破時間與空間的限制，發揮提供資訊、支援決策的作用。即使以報告與輸出為主要功能的通信系統，也要有一定記憶裝置。簡單地說，物流資訊系統的存儲功能就是保證已得到的物流資訊能夠不丟失、不走樣、不外洩，整理得當、隨時可用。

數據的存儲首先應考慮數據庫組織，其目的是為了數據的處理和檢索。數據存儲有物理保存及邏輯組織兩個方面的考慮。物理保存是指安排適當的地點，尋找適合的介質來存放資訊。邏輯組織則是指按照資訊的邏輯內在聯繫及使用的方式，把大批資訊組織成合理的結構，從而提高查找的速度，為使用物流資訊系統的人員提供方便。

物流業務資訊系統中，需要存儲的資訊格式往往比較簡單，存儲時間比較短，但是數量往往很大。物流管理資訊系統與決策支援系統中的資訊格式比較複雜，要求存儲比較靈活，存儲的時間也較長，因此資訊存儲問題的難度較大。

步驟三　數據的傳輸

為了收集和使用物流資訊，需要把物流資訊從一個子系統傳送到另一個子系統，或者從一個部門傳送到另一個部門，即所謂的數據通信。資訊的傳遞並不只是一個簡單的傳遞問題，物流資訊系統的管理者與計劃者必須充分考慮所需要傳遞的資訊種類、數量、頻率、可靠性要求等因素。

現代化的通信技術是以電腦為中心，通過通信線路與近路終端或遠端終端相連，形成聯機系統；或者通過通信線路將中、小、微型電腦聯網，形成分散式系統。

步驟四　數據的加工使用

電腦的數據加工範圍很大，從簡單的查詢、排序、合併、計劃，一直到複雜的物流模型仿真、預測、優化計算等。這種功能的強弱，顯然是反映物流資訊系統能力的重要方面。現代的物流資訊系統在這方面的功能越來越強，特別是面向高層管理的物流資訊系統，在加工中使用了許多數學及運籌學的工具，具有相當強大的能力。為了使電腦有較強的處理能力，現在許多大的處理系統備有三個庫，即數據庫、方法庫和模型庫。方法庫中備有許多標準的演算法，而模型庫中存放了針對不同問題的模型，數據庫中備有要用的二次數據。

資訊加工的種類很多，從加工本身來看，可以分為數值運算和非數值處理兩大類。數值運算包括簡單的算術與代數運算、數理統計中的各種統計量的計算及各種檢驗、運籌學中的各種最優化演算法以及類比預測方法等；非數值數據處理包括排序、歸併、分類以

及文字處理的各項工作。

步驟五　資訊的輸出

　　經過加工的物流資訊，根據不同的需要，以不同形式的格式進行輸出。有的直接提供給人使用，有的提供給電腦進一步處理。物流資訊系統的輸出結果是否易讀易懂，是評價物流資訊系統的主要標準之一。資訊輸出的終端是物流資訊系統與物流管理者，它的情況應由雙方的情況來定，即需要向使用者提供的資訊情況以及使用者自身的情況。

　　從提供的資訊來看，決策支援系統的複雜程度及靈活性要求是最高的，因此，對話式的用戶介面是比較適宜的，固定的例行服務方式往往難以滿足要求。物流業務資訊系統和物流管理資訊系統，一般傾向於提供固定的例行資訊服務。對於這兩種資訊系統，由於使用者主要是中下層的管理人員，因此，資訊輸出方式的簡明易用是十分重要的，系統的設計者應當利用各種方法，避免誤解，提高清晰程度，以便保證資訊被正確地理解與使用。

86 商品供應商的調查流程

步驟一　考察管理人員水準

　　對供應商的管理人員主要考察下列三個方面：管理人員素質的高低。管理人員工作經驗是否豐富。管理人員工作能力的高低。

步驟二　考察專業技術能力

主要是對供應商的技術水準進行評估，有以下幾方面：技術人員素質的高低。技術人員的研發能力。各種專業技術能力的高低。

步驟三　考察機器設備情況

對供應商機器設備情況的考察主要有以下幾方面：機器設備的名稱、規程、廠牌、使用年限及生產能力。機器設備的新舊、性能及維護狀況等。

步驟四　考察材料供應狀況

對供應商材料的考察主要有以下幾方面：

· 產品所用原材料的供應來源是否充足。

· 材料的供應管道是否暢通。

· 原材料的品質是否穩定。

· 供應商原料來源發生困難時，其應變能力的高低等。

步驟五　考察品質控制能力

品質是對供應商評價的重點，考評供應商的品質水準可以從下面幾方面進行：

· 品管組織是否健全。

· 品管人員素質的高低。

· 品管制度是否完善。

· 檢驗儀器是否精密及維護是否良好。

· 原材料的選擇及進料檢驗是否嚴格。

· 操作方法及制程管制標準是否規範。

· 成品規格及成品檢驗標準是否規範。

· 品質異常的追溯是程序化。

· 統計技術是否科學以及統計資料是否詳實等。

步驟六 考察財務及信用狀況

· 每月的產值、銷售額。

· 來往的客戶。

· 來往的銀行。

· 經營的業績及發展前景等。

步驟七 考察管理規範制度

· 管理制度是否系統化、科學化。

· 工作指導規範是否完備。執行時是否嚴格。

87 供應鏈管理實施流程

供應鏈是指圍繞核心企業，通過對資訊流、物資資金流的控制，從採購原材料開始，製成中間產品及最終產品，最後由銷售網路把產品送到消費者手中，是一個整體的功能網鏈模式。

步驟一　分析當前供應鏈

分析企業當前所處的供應鏈，如下：

- 企業的物流管理處於那一個階段（儲運階段、配送階段、綜合物流管理階段還是供應鏈管理階段）？
- 企業當前對物流活動的關注程度有多大？物流意識強不強？
- 企業目前有沒有設立專門的物流管理部門或機構？
- 企業當前是自辦物流，直接控制物流資產，還是採用了外購方案，使用第三方物流？比較起來，那一種方案更好？
- 企業現在的物流費用有多大？每一項物流活動（例如運輸、倉儲、庫存、裝卸搬運、包裝等）的費用各是多少？
- 企業得到的物流服務水準如何？能不能滿足企業的生產或銷售所提出的要求？
- 企業是否建立了物流管理資訊系統？在企業的管理資訊系統中有沒有物流子系統？
- 企業處於什麼樣的供應鏈當中？供應鏈中的物流管理是企業各自為戰，還是存在一定程度的合作？
- 企業在供應鏈中處於什麼樣的地位？對供應商、分銷商的重要程度有多大？（對不同的供應商和分銷商來說重要性應該不同）
- 與上游供應商（包括產品供應商和物流供應商）、下游分銷商的聯繫是否緊密？合作關係是否穩固？雙方溝通是否容易？

對上、下游供應鏈成員物流活動的分析可從下列角度入手：

- 該供應商給企業提供那些商品？該客戶從企業這兒購買那些商品？

- 這些商品的物流費用有多大？費用由誰承擔？
- 該供應商/分銷商的實力（經濟實力、市場佔有率、發展前景等）如何？
- 該供應商/分銷商同企業合作的時間有多長？雙方合作得是不是愉快？
- 該供應商/分銷商同企業在物流領域是否有過合作？效果怎麼樣？
- 該供應商/分銷商是否樂意與企業一起改進工作？是否經常就雙方工作提出改進意見？
- 該供應商/分銷商與企業的資訊交流和溝通是否令人滿意？
- 該供應商/分銷商是否重視物流管理？是否設立了物流管理部門或機構？
- 該供應商/分銷商是自辦物流管理還是外購物流服務？
- 該供應商/分銷商有沒有建立物流管理資訊系統？
- 該供應商送貨是否及時可靠？對企業的要貨要求反應是否迅速？
- 向供應商訂貨有沒有限制條件（如最低訂貨量）？訂貨滿足率有多大？

步驟二　供應鏈比較

　　供應鏈比較是將企業自身所處的供應鏈與其他供應鏈進行比較。不同供應鏈中物流活動的比較可從兩方面進行，一是物流效果，二是物流過程。在經過供應鏈物流效果和物流過程比較之後，企業應當對下列問題有清楚認識：

- 顧客看重那些服務項目？

- 本企業所處的供應鏈與競爭對手供應鏈在物流服務上有那些差距？
- 二者在成本水準上存在多大差距？
- 二者的物流過程有何不同？
- 供應鏈的薄弱環節在那裏，即產生問題的原因在那裏？
- 如何優化供應鏈的物流過程，改善物流效果？

步驟三　供應鏈再造

從物流的角度看，供應鏈再造的目的在於合理設計供應鏈，簡化物流管道，使物流更加通暢。可以採用的方法有：

- 在供應鏈中增加第三方物流公司。
- 減少供應鏈中中間商的數量。
- 改變供應鏈中的作業流程。

步驟四　考察與評估供應商

重新構建了供應鏈之後，接下來的工作便是要物色適宜的供應鏈成員。選定了製造商、第三方物流和分銷商之後，下一步工作便是結成供應鏈戰略聯盟。

步驟五　結成供應鏈戰略聯盟

供應鏈戰略聯盟是企業為共同利益所形成的聯合體，利用各方協作能實現任何一方無法實現的目標。

步驟六　建立供應鏈物流資訊系統

供應鏈管理的高效運轉必須以上、下游企業之間的資訊交流為

基礎，大量工作要跨企業、跨組織、跨職能進行協調。供應鏈各企業必須全面、準確、動態地把握散佈在全國或全球各個中轉倉庫、經銷商、零售商以及汽車、火車、飛機、輪船等各種運輸環節之中的產品流動狀況，並以此為根據隨時發出調度指令，制定生產和銷售計劃，即時調整市場戰略：可以說資訊系統是支撐供應鏈物流全過程管理最重要的基礎之一。傳統的進銷存管理軟體、運輸管理軟體、倉庫管理軟體大多數以單據列印和統計報表為設計目標，無法解決供應商、分銷商、零售商、第三方物流之間的資訊交流問題，因而無法滿足供應鏈物流管理的需要。

步驟七　推動供應鏈管理運轉

供應鏈管理在運轉之初有一段磨合期，可能會因為各參與方工作不夠協調一致或某些鏈節管理不嚴格或者其他原因而出現一些問題。這時就需要各方積極配合，共同發現和解決問題，消除供應鏈的瓶頸。經過一段時間的運行之後，供應鏈的工作便會實現正常化。當然，作為供應鏈的各參與方來說，無論什麼時候都應該關注整個供應鏈的運行情況，一旦產生問題，就要盡快解決，否則可能給整個供應鏈造成損失。

步驟八　供應鏈物流績效評估

供應鏈管理進入實際運轉之後究竟為企業帶來了那些效益？物流服務水準和物流成本同實施供應鏈管理之前比發生了什麼變化？在供應鏈管理的運轉中如何控制各項工作？這些問題都需要對供應鏈的物流績效進行評估。物流績效的評估指標如下：訂貨週期、配送頻率、配送可靠性（即時配送率）、送貨完好性、訂貨狀況資訊、

單據品質、配送差錯率、貨物殘損率、資訊準確率、庫存週轉率、存貨可獲性、訂單完整性等。

依據上述指標就可以對供應鏈的物流效果進行評估,並根據評估結果不斷檢查和改進供應鏈的工作。

88 CPFR 活動實施流程

CPFR 是應用一系列的處理和技術模型,提供覆蓋整個供應鏈的合作過程,通過共同管理業務過程和共用資訊來改善零售商和供應商的夥伴關係,提高預測的準確度,最終達到提高供應鏈效率、減少庫存和提高消費者滿意程度的目標。

CPFR 的業務活動可劃分為計劃、預測和補給 3 個階段,包括 9 個主要流程活動。第 1 個階段為計劃,包括步驟 1、2;第 2 個階段為預測,包括步驟 3～8;第 3 個階段為補給,即步驟 9。

步驟一　供應鏈夥伴達成協定

供應鏈合作夥伴包括供應商、分銷商和製造商等,他們為合作關係建立指南和規則,共同達成一個通用業務協議,包括合作的全面認識、合作目標、機密協定、資源授權、合作夥伴的任務和成績的檢測。

步驟二　創建和發展聯合業務計劃

供應鏈合作夥伴相互交換戰略和業務計劃資訊，以發展聯合業務計劃。合作夥伴首先建立合作夥伴關係戰略，然後定義分類任務、目標和策略，並建立合作項目的管理簡況（如訂單最小批量、交貨期、訂單間隔等）。

步驟三　創建銷售預測

利用零售商 POS 數據、因果關係資訊、已計劃事件資訊創建一個支援共同業務計劃的銷售預測。

步驟四　識別銷售預測的例外情況

識別分佈在銷售預測約束之外的項目，每個項目的例外準則需在第 1 步中得到認同。

步驟五　銷售預測例外項目的解決、合作

通過查詢共用數據、E-mail、電話、交談、會議等解決銷售預測例外情況，並將產生的變化提交給銷售預測（步驟 3）。

步驟六　創建訂單預測

合併 POS 數據、因果關係資訊和庫存策略，產生一個支持共用銷售預測和共同業務計劃的訂單預測，提出分時間段的實際需求數量，並通過產品及接收地點反映庫存目標。訂單預測週期內的短期部份用於產生訂單，在凍結預測週期外的長期部份用於計劃。

步驟七　識別訂單預測的例外情況

識別分佈在訂單預測約束之外的項目,例如準則在步驟 1 已建立。

步驟八　訂單預測例外項目的解決、合作

通過查詢共用數據、E-mail、電話、交談、會議等調查研究訂單預測例外情況,並將產生的變化提交給訂單預測(步驟 6)。

步驟九　訂單產生

將訂單預測轉換為已承諾的訂單,訂單產生可由製造廠或分銷商根據能力、系統和資源來完成。

89 商品供應商調查應遵循的制度

步驟一　適用範圍

為瞭解供應商的制程能力、品管功能,確認其是否有提供符合成本、交期、品質的物料的能力,特制定本制度。

對擬開發供應商的調查,及本企業合格供應商的年度覆查,除另有規定外,悉依本制度辦理。

步驟二　供應商調查程序

1.採購部實施採購前，應對擬開發的廠商組織供應商調查工作，目的是瞭解供應商的各項管理能力，以確定其可否列為合格供應商名列。

2.由採購、生技、品管、主管人員組成供應商調查小組，對供應商實施調查評核，並填寫「供應商調查表」。

3.評核的結果由各部門做出建議，供總經理核定是否准予成為本企業合格供應商。

4.未經供應商調查認可的廠商，除總經理特准外，不可成為本企業供應商。

步驟三　供應商調查評核

1.價格評核

對供應商所提供的物料價格，由採購部依下列因素作評核：

(1)原料價格。

(2)加工費用。

(3)估價方法。

(4)付款方式。

2.技術評核

對供應商的生產技術，由生技部依下列因素作評核：

(1)技術水準。

(2)技術資料管理。

(3)設備狀況。

(4)技術流程與作業標準。

3.品質評核

對供應商的品質,由品管部依下列因素作評核:

⑴品管組織與體系。

⑵品質規範與標準。

⑶檢驗的方法與記錄。

⑷糾正與預防措施。

4.主管評核

對供應商的生產管理,由生管部依下列因素作評核:

⑴生產計劃體系。

⑵最短及最長的交貨期限。

⑶進度控制方法。

⑷異常排除能力。

步驟四　供應商覆查規定

1.經調查認可的合格供應商,原則上每年覆查一次。

2.覆查流程類同首次調查評核。

3.覆查不合格的供應商,除經總經理特准外,不可列入次年合格供應商之列。

4.若供應商的交期、品質、價格或服務產生重大變異時,可於一年中,隨時對供應商作必要的覆查。

90 商品供應商的考核制度

步驟一　適用範圍

　　為規範對合格供應商的日常評鑑，使之有章可循，特制定本制度。對合格供應商的評鑑，除另有規定外，悉依本制度辦理。

步驟二　供應商評鑑程序

1.評鑑項目

供應商交貨實績的評鑑項目及分數比例如下（滿分 100 分）：

(1)品質評鑑：40 分。

(2)交期評鑑：25 分。

(3)價格評鑑：15 分。

(4)服務評鑑：15 分。

(5)其他評鑑：5 分。

2.評分辦法

⑴品質評鑑

由品管部依進料驗收的批次合格率評分，每個月進行一次。

①計算：

進料批次合格率＝（檢驗合格批數÷總交驗批數）×100%

②評分：

得分＝40×進料批次合格率

⑵交期評鑑

由採購部依訂單規定的交貨日期進行評分，方式如下：

①如期交貨得分 25 分。

②延遲 1～2 日每批次扣 2 分。

③延遲 3～4 日每批次扣 5 分。

④延遲 5～6 日每批次扣 10 分。

⑤延遲 7 日以上不得分。

本項得分以 0 分為最低分。採購部每月將同一供應商當月各批訂單交貨評分進行平均，得出該月的交期評鑑得分。

(3)價格評鑑

由採購部依供應商的價格水準評分，方式如下：

①價格公平合理，報價迅速得 10 分。

②價格尚屬公平，報價緩慢得 8 分。

③價格稍微偏高，報價迅速得 6 分。

④價格稍微偏高，報價緩慢得 3 分。

⑤價格甚不合理，報價十分低效得 0 分。

(4)服務評鑑

①抱怨處理評分

由品管部對供應商的抱怨處理予以評分，評分如下：

A‧誠意改善得 8 分。

B‧尚能誠意改善得 5 分。

C‧改善誠意不足得 2 分。

D‧置之不理得 0 分。

②退貨交換行動評分

由採購部對不良退貨交換行動評分：

A‧按期更換得 7 分。

B‧偶爾拖延得 5 分。

C‧經常拖延得 2 分。

D‧置之不理得 0 分。

⑸其他評鑑

由採購部匯總資材、主管、財務或其他部門對供應商的評價、抱怨予以評分,滿分 5 分。

步驟三　評鑑辦法

1.供應商的評鑑每月進行一次。

2.將各項得分彙入「供應商評鑑表」,並合計總得分。

3.每半年平均一次廠商得分,計算方式為:

半年平均得分=每月得分總和÷評鑑月數

步驟四　評鑑等級

供應商評鑑等級劃分如下:

1.平均得分 90.1〜100 分者為 A 等。

2.平均得分 80.1〜90 分者為 B 等。

3.平均得分 70.1〜80 分者為 C 等。

4.平均得分 60.1〜70 分者為 D 等。

5.平均得分 60 分以下者為 E 等。

步驟五　評鑑處理

1. A 等廠商為優秀廠商,予以付款、訂單、檢驗的優惠獎勵。

2. B 等廠商為良好廠商,由採購部提請廠商改善不足。

3. C 等廠商為合格廠商,由品管、採購等部門予以必要的輔導。

4. D 等廠商為輔導廠商，由品管、採購等部門予以輔導，三個月內未能達到 C 等以上予以淘汰。

5. E 等廠商為不合格廠商，予以淘汰。

6. 被淘汰廠商如欲再向本企業供貨，需再經過供應商調查評估。

心得欄

臺灣的核心競爭力，就在這裏！

圖 書 出 版 目 錄

下列圖書是由臺灣的憲業企管顧問（集團）公司所出版，秉持專業立場，特別注重實務應用，50 餘位顧問師為企業界提供最專業的經營管理類圖書。

選購企管書，請認明品牌：**憲 業 企 管 公 司**。

1.傳播書香社會，直接向本出版社購買，一律 9 折優惠，郵遞費用由本公司負擔。服務電話(02) 27622241　(03) 9310960　　傳真(03) 9310961

2.付款方式：請將書款轉帳到我公司下列的銀行帳戶。

・銀行名稱：合作金庫銀行（敦南分行）　帳號：**5034-717-347447**

公司名稱：憲業企管顧問有限公司

・郵局劃撥號碼：**18410591**　郵局劃撥戶名：憲業企管顧問公司

3.圖書出版資料隨時更新，請見網站 www.bookstore99.com

經營顧問叢書

25	王永慶的經營管理	360 元	125	部門經營計劃工作	360 元
47	營業部門推銷技巧	390 元	129	邁克爾・波特的戰略智慧	360 元
52	堅持一定成功	360 元	130	如何制定企業經營戰略	360 元
56	對準目標	360 元	135	成敗關鍵的談判技巧	360 元
60	寶潔品牌操作手冊	360 元	137	生產部門、行銷部門績效考核手冊	360 元
72	傳銷致富	360 元
78	財務經理手冊	360 元	139	行銷機能診斷	360 元
79	財務診斷技巧	360 元	140	企業如何節流	360 元
86	企劃管理制度化	360 元	141	責任	360 元
91	汽車販賣技巧大公開	360 元	142	企業接棒人	360 元
97	企業收款管理	360 元	144	企業的外包操作管理	360 元
100	幹部決定執行力	360 元	146	主管階層績效考核手冊	360 元
106	提升領導力培訓遊戲	360 元	147	六步打造績效考核體系	360 元
122	熱愛工作	360 元	148	六步打造培訓體系	360 元

149	展覽會行銷技巧	360元
150	企業流程管理技巧	360元
152	向西點軍校學管理	360元
154	領導你的成功團隊	360元
155	頂尖傳銷術	360元
160	各部門編制預算工作	360元
163	只為成功找方法，不為失敗找藉口	360元
167	網路商店管理手冊	360元
168	生氣不如爭氣	360元
170	模仿就能成功	350元
176	每天進步一點點	350元
181	速度是贏利關鍵	360元
183	如何識別人才	360元
184	找方法解決問題	360元
185	不景氣時期，如何降低成本	360元
186	營業管理疑難雜症與對策	360元
187	廠商掌握零售賣場的竅門	360元
188	推銷之神傳世技巧	360元
189	企業經營案例解析	360元
191	豐田汽車管理模式	360元
192	企業執行力（技巧篇）	360元
193	領導魅力	360元
198	銷售說服技巧	360元
199	促銷工具疑難雜症與對策	360元
200	如何推動目標管理(第三版)	390元
201	網路行銷技巧	360元
204	客戶服務部工作流程	360元
206	如何鞏固客戶（增訂二版）	360元
208	經濟大崩潰	360元
215	行銷計劃書的撰寫與執行	360元
216	內部控制實務與案例	360元
217	透視財務分析內幕	360元
219	總經理如何管理公司	360元
222	確保新產品銷售成功	360元
223	品牌成功關鍵步驟	360元
224	客戶服務部門績效量化指標	360元
226	商業網站成功密碼	360元
228	經營分析	360元
229	產品經理手冊	360元

230	診斷改善你的企業	360元
232	電子郵件成功技巧	360元
234	銷售通路管理實務〈增訂二版〉	360元
235	求職面試一定成功	360元
236	客戶管理操作實務〈增訂二版〉	360元
237	總經理如何領導成功團隊	360元
238	總經理如何熟悉財務控制	360元
239	總經理如何靈活調動資金	360元
240	有趣的生活經濟學	360元
241	業務員經營轄區市場（增訂二版）	360元
242	搜索引擎行銷	360元
243	如何推動利潤中心制度（增訂二版）	360元
244	經營智慧	360元
245	企業危機應對實戰技巧	360元
246	行銷總監工作指引	360元
247	行銷總監實戰案例	360元
248	企業戰略執行手冊	360元
249	大客戶搖錢樹	360元
250	企業經營計劃〈增訂二版〉	360元
252	營業管理實務（增訂二版）	360元
253	銷售部門績效考核量化指標	360元
254	員工招聘操作手冊	360元
256	有效溝通技巧	360元
257	會議手冊	360元
258	如何處理員工離職問題	360元
259	提高工作效率	360元
261	員工招聘性向測試方法	360元
262	解決問題	360元
263	微利時代制勝法寶	360元
264	如何拿到VC（風險投資）的錢	360元
267	促銷管理實務〈增訂五版〉	360元
268	顧客情報管理技巧	360元
269	如何改善企業組織績效〈增訂二版〉	360元
270	低調才是大智慧	360元
272	主管必備的授權技巧	360元

275	主管如何激勵部屬	360 元
276	輕鬆擁有幽默口才	360 元
277	各部門年度計劃工作（增訂二版）	360 元
278	面試主考官工作實務	360 元
279	總經理重點工作（增訂二版）	360 元
282	如何提高市場佔有率（增訂二版）	360 元
283	財務部流程規範化管理（增訂二版）	360 元
284	時間管理手冊	360 元
285	人事經理操作手冊（增訂二版）	360 元
286	贏得競爭優勢的模仿戰略	360 元
287	電話推銷培訓教材（增訂三版）	360 元
288	贏在細節管理（增訂二版）	360 元
289	企業識別系統 CIS（增訂二版）	360 元
290	部門主管手冊（增訂五版）	360 元
291	財務查帳技巧（增訂二版）	360 元
292	商業簡報技巧	360 元
293	業務員疑難雜症與對策（增訂二版）	360 元
294	內部控制規範手冊	360 元
295	哈佛領導力課程	360 元
296	如何診斷企業財務狀況	360 元
297	營業部轄區管理規範工具書	360 元
298	售後服務手冊	360 元
299	業績倍增的銷售技巧	400 元
300	行政部流程規範化管理（增訂二版）	400 元
301	如何撰寫商業計畫書	400 元
302	行銷部流程規範化管理（增訂二版）	400 元
303	人力資源部流程規範化管理（增訂四版）	420 元
304	生產部流程規範化管理（增訂二版）	400 元
305	績效考核手冊（增訂二版）	400 元
306	經銷商管理手冊（增訂四版）	420 元

307	招聘作業規範手冊	420 元
308	喬·吉拉德銷售智慧	400 元
309	商品鋪貨規範工具書	400 元
310	企業併購案例精華（增訂二版）	420 元
311	客戶抱怨手冊	400 元
312	如何撰寫職位說明書（增訂二版）	400 元
313	總務部門重點工作（增訂三版）	400 元
314	客戶拒絕就是銷售成功的開始	400 元
315	如何選人、育人、用人、留人、辭人	400 元
316	危機管理案例精華	400 元
317	節約的都是利潤	400 元
318	企業盈利模式	400 元

《商店叢書》

18	店員推銷技巧	360 元
30	特許連鎖業經營技巧	360 元
35	商店標準操作流程	360 元
36	商店導購口才專業培訓	360 元
37	速食店操作手冊〈增訂二版〉	360 元
38	網路商店創業手冊〈增訂二版〉	360 元
40	商店診斷實務	360 元
41	店鋪商品管理手冊	360 元
42	店員操作手冊（增訂三版）	360 元
43	如何撰寫連鎖業營運手冊〈增訂二版〉	360 元
44	店長如何提升業績〈增訂二版〉	360 元
45	向肯德基學習連鎖經營〈增訂二版〉	360 元
47	賣場如何經營會員制俱樂部	360 元
48	賣場銷量神奇交叉分析	360 元
49	商場促銷法寶	360 元
51	開店創業手冊〈增訂三版〉	360 元
52	店長操作手冊（增訂五版）	360 元
53	餐飲業工作規範	360 元

54	有效的店員銷售技巧	360 元
55	如何開創連鎖體系〈增訂三版〉	360 元
56	開一家穩賺不賠的網路商店	360 元
57	連鎖業開店複製流程	360 元
58	商鋪業績提升技巧	360 元
59	店員工作規範（增訂二版）	400 元
60	連鎖業加盟合約	400 元
61	架設強大的連鎖總部	400 元
62	餐飲業經營技巧	400 元
63	連鎖店操作手冊（增訂五版）	420 元
64	賣場管理督導手冊	420 元
65	連鎖店督導師手冊（增訂二版）	420 元

《工廠叢書》

13	品管員操作手冊	380 元
15	工廠設備維護手冊	380 元
16	品管圈活動指南	380 元
17	品管圈推動實務	380 元
20	如何推動提案制度	380 元
24	六西格瑪管理手冊	380 元
30	生產績效診斷與評估	380 元
32	如何藉助 IE 提升業績	380 元
35	目視管理案例大全	380 元
38	目視管理操作技巧(增訂二版)	380 元
46	降低生產成本	380 元
47	物流配送績效管理	380 元
49	6S 管理必備手冊	380 元
51	透視流程改善技巧	380 元
55	企業標準化的創建與推動	380 元
56	精細化生產管理	380 元
57	品質管制手法〈增訂二版〉	380 元
58	如何改善生產績效〈增訂二版〉	380 元
67	生產訂單管理步驟〈增訂二版〉	380 元
68	打造一流的生產作業廠區	380 元
70	如何控制不良品〈增訂二版〉	380 元
71	全面消除生產浪費	380 元
72	現場工程改善應用手冊	380 元
75	生產計劃的規劃與執行	380 元

77	確保新產品開發成功（增訂四版）	380 元
79	6S 管理運作技巧	380 元
80	工廠管理標準作業流程〈增訂二版〉	380 元
81	部門績效考核的量化管理（增訂五版）	380 元
82	採購管理實務〈增訂五版〉	380 元
83	品管部經理操作規範〈增訂二版〉	380 元
84	供應商管理手冊	380 元
85	採購管理工作細則〈增訂二版〉	380 元
86	如何管理倉庫（增訂七版）	380 元
87	物料管理控制實務〈增訂二版〉	380 元
88	豐田現場管理技巧	380 元
89	生產現場管理實戰案例〈增訂三版〉	380 元
90	如何推動 5S 管理（增訂五版）	420 元
92	生產主管操作手冊(增訂五版)	420 元
93	機器設備維護管理工具書	420 元
94	如何解決工廠問題	420 元
95	採購談判與議價技巧〈增訂二版〉	420 元
96	生產訂單運作方式與變更管理	420 元
97	商品管理流程控制(增訂四版)	420 元

《醫學保健叢書》

1	9 週加強免疫能力	320 元
3	如何克服失眠	320 元
4	美麗肌膚有妙方	320 元
5	減肥瘦身一定成功	360 元
6	輕鬆懷孕手冊	360 元
7	育兒保健手冊	360 元
8	輕鬆坐月子	360 元
11	排毒養生方法	360 元
13	排除體內毒素	360 元
14	排除便秘困擾	360 元
15	維生素保健全書	360 元

16	腎臟病患者的治療與保健	360 元
17	肝病患者的治療與保健	360 元
18	糖尿病患者的治療與保健	360 元
19	高血壓患者的治療與保健	360 元
22	給老爸老媽的保健全書	360 元
23	如何降低高血壓	360 元
24	如何治療糖尿病	360 元
25	如何降低膽固醇	360 元
26	人體器官使用說明書	360 元
27	這樣喝水最健康	360 元
28	輕鬆排毒方法	360 元
29	中醫養生手冊	360 元
30	孕婦手冊	360 元
31	育兒手冊	360 元
32	幾千年的中醫養生方法	360 元
34	糖尿病治療全書	360 元
35	活到 120 歲的飲食方法	360 元
36	7 天克服便秘	360 元
37	為長壽做準備	360 元
39	拒絕三高有方法	360 元
40	一定要懷孕	360 元
41	提高免疫力可抵抗癌症	360 元
42	生男生女有技巧〈增訂三版〉	360 元

《培訓叢書》

11	培訓師的現場培訓技巧	360 元
12	培訓師的演講技巧	360 元
14	解決問題能力的培訓技巧	360 元
15	戶外培訓活動實施技巧	360 元
17	針對部門主管的培訓遊戲	360 元
20	銷售部門培訓遊戲	360 元
21	培訓部門經理操作手冊（增訂三版）	360 元
23	培訓部門流程規範化管理	360 元
24	領導技巧培訓遊戲	360 元
25	企業培訓遊戲大全(增訂三版)	360 元
26	提升服務品質培訓遊戲	360 元
27	執行能力培訓遊戲	360 元
28	企業如何培訓內部講師	360 元
29	培訓師手冊（增訂五版）	420 元
30	團隊合作培訓遊戲(增訂三版)	420 元

31	激勵員工培訓遊戲	420 元
32	企業培訓活動的破冰遊戲（增訂二版）	420 元

《傳銷叢書》

4	傳銷致富	360 元
5	傳銷培訓課程	360 元
10	頂尖傳銷術	360 元
12	現在輪到你成功	350 元
13	鑽石傳銷商培訓手冊	350 元
14	傳銷皇帝的激勵技巧	360 元
15	傳銷皇帝的溝通技巧	360 元
19	傳銷分享會運作範例	360 元
20	傳銷成功技巧（增訂五版）	400 元
21	傳銷領袖（增訂二版）	400 元
22	傳銷話術	400 元

《幼兒培育叢書》

1	如何培育傑出子女	360 元
2	培育財富子女	360 元
3	如何激發孩子的學習潛能	360 元
4	鼓勵孩子	360 元
5	別溺愛孩子	360 元
6	孩子考第一名	360 元
7	父母要如何與孩子溝通	360 元
8	父母要如何培養孩子的好習慣	360 元
9	父母要如何激發孩子學習潛能	360 元
10	如何讓孩子變得堅強自信	360 元

《成功叢書》

1	猶太富翁經商智慧	360 元
2	致富鑽石法則	360 元
3	發現財富密碼	360 元

《企業傳記叢書》

1	零售巨人沃爾瑪	360 元
2	大型企業失敗啟示錄	360 元
3	企業併購始祖洛克菲勒	360 元
4	透視戴爾經營技巧	360 元
5	亞馬遜網路書店傳奇	360 元
6	動物智慧的企業競爭啟示	320 元
7	CEO 拯救企業	360 元
8	世界首富　宜家王國	360 元
9	航空巨人波音傳奇	360 元

10	傳媒併購大亨	360 元

《智慧叢書》

1	禪的智慧	360 元
2	生活禪	360 元
3	易經的智慧	360 元
4	禪的管理大智慧	360 元
5	改變命運的人生智慧	360 元
6	如何吸取中庸智慧	360 元
7	如何吸取老子智慧	360 元
8	如何吸取易經智慧	360 元
9	經濟大崩潰	360 元
10	有趣的生活經濟學	360 元
11	低調才是大智慧	360 元

《DIY 叢書》

1	居家節約竅門 DIY	360 元
2	愛護汽車 DIY	360 元
3	現代居家風水 DIY	360 元
4	居家收納整理 DIY	360 元
5	廚房竅門 DIY	360 元
6	家庭裝修 DIY	360 元
7	省油大作戰	360 元

《財務管理叢書》

1	如何編制部門年度預算	360 元
2	財務查帳技巧	360 元
3	財務經理手冊	360 元
4	財務診斷技巧	360 元
5	內部控制實務	360 元
6	財務管理制度化	360 元
8	財務部流程規範化管理	360 元
9	如何推動利潤中心制度	360 元

為方便讀者選購，本公司將一部分上述圖書又加以專門分類如下：

《主管叢書》

1	部門主管手冊（增訂五版）	360 元
2	總經理行動手冊	360 元
4	生產主管操作手冊（增訂五版）	420 元
5	店長操作手冊（增訂五版）	360 元
6	財務經理手冊	360 元
7	人事經理操作手冊	360 元

8	行銷總監工作指引	360 元
9	行銷總監實戰案例	360 元

《總經理叢書》

1	總經理如何經營公司(增訂二版)	360 元
2	總經理如何管理公司	360 元
3	總經理如何領導成功團隊	360 元
4	總經理如何熟悉財務控制	360 元
5	總經理如何靈活調動資金	360 元

《人事管理叢書》

1	人事經理操作手冊	360 元
2	員工招聘操作手冊	360 元
3	員工招聘性向測試方法	360 元
5	總務部門重點工作	360 元
6	如何識別人才	360 元
7	如何處理員工離職問題	360 元
8	人力資源部流程規範化管理（增訂四版）	420 元
9	面試主考官工作實務	360 元
10	主管如何激勵部屬	360 元
11	主管必備的授權技巧	360 元
12	部門主管手冊（增訂五版）	360 元

《理財叢書》

1	巴菲特股票投資忠告	360 元
2	受益一生的投資理財	360 元
3	終身理財計劃	360 元
4	如何投資黃金	360 元
5	巴菲特投資必贏技巧	360 元
6	投資基金賺錢方法	360 元
7	索羅斯的基金投資必贏忠告	360 元
8	巴菲特為何投資比亞迪	360 元

《網路行銷叢書》

1	網路商店創業手冊〈增訂二版〉	360 元
2	網路商店管理手冊	360 元
3	網路行銷技巧	360 元
4	商業網站成功密碼	360 元
5	電子郵件成功技巧	360 元
6	搜索引擎行銷	360 元

《企業計劃叢書》

1	企業經營計劃〈增訂二版〉	360 元

2	各部門年度計劃工作	360 元
3	各部門編制預算工作	360 元
4	經營分析	360 元
5	企業戰略執行手冊	360 元

在海外出差的⋯⋯⋯
台灣上班族

愈來愈多的台灣上班族，到海外工作(或海外出差)，對工作的努力與敬業，是台灣上班族的核心競爭力；一個明顯

的例子，返台休假期間，台灣上班族都會抽空再買書，設法充實自身專業能力。

[憲業企管顧問公司]以專業立場，為企業界提供最專業的各種經營管理類圖書。

85%的台灣上班族都曾經有過購買(或閱讀)[憲業企管顧問公司]所出版的各種企管圖書。

建議你：工作之餘要多看書，加強競爭力。

建立企業圖書館

當市場競爭激烈時：

培訓員工，強化員工競爭力
是企業最佳對策

　　「人才」是企業最大的財富。如何提升人才，是企業永續經營、戰勝對手的核心競爭力。積極培訓公司內部員工，是經濟不景氣時期的最佳戰略，而最快速的具體作法，就是「**建立企業內部圖書館，鼓勵員工多閱讀、多進修專業書籍**」

　　建議您：請一次購足本公司所出版各種經營管理類圖書，作為貴公司內部員工培訓圖書。使用率高的（例如「贏在細節管理」），準備 3 本；使用率低的（例如「工廠設備維護手冊」），只買 1 本。

工廠叢書 (97)　　售價：420 元

商品管理流程控制（增訂四版）

西元二〇一五年十二月　　增訂四版一刷
西元二〇一四年一月　　增訂三版二刷
西元二〇一二年十月　　增訂三版一刷

編輯指導：黃憲仁

編著：鄧崇文

策劃：麥可國際出版有限公司（新加坡）

編輯：蕭玲

校對：劉飛娟

發行人：黃憲仁

發行所：憲業企管顧問有限公司

電話：(02) 2762-2241　(03) 9310960　0930872873

電子郵件聯絡信箱：huang2838@yahoo.com.tw

銀行 ATM 轉帳：合作金庫銀行　帳號：5034-717-347447

郵政劃撥：18410591　憲業企管顧問有限公司

江祖平律師顧問：紙品書、數位書著作權與版權均歸本公司所有

登記證：行政業新聞局版台業字第 6380 號

本公司徵求海外版權出版代理商（0930872873）

本圖書是由憲業企管顧問（集團）公司所出版，以專業立場，為企業界提供最專業的各種經營管理類圖書。

圖書編號 ISBN：978-986-369-033-7